—— "十三五"国家重点图书出版规划项目 ——

转基因大豆
TRANSGENIC SOYBEAN

「 李香菊　主编 」

中国农业科学技术出版社

图书在版编目（CIP）数据

转基因大豆 / 李香菊主编 . -- 北京：中国农业科学技术出版社，2021.7
（转基因科普书系）
ISBN 978-7-5116-5381-9

Ⅰ.①转⋯ Ⅱ.①李⋯ Ⅲ.①转基因植物—大豆—研究 Ⅳ.①S565.103.4

中国版本图书馆 CIP 数据核字（2021）第 118262 号

策　　划	吴孔明　张应禄
责任编辑	周　朋
责任校对	马广洋
责任印制	姜义伟　王思文

出 版 者	中国农业科学技术出版社 北京市中关村南大街12号　　邮编：100081
电　　话	（010）82106643（编辑室）　（010）82109702（发行部） （010）82109709（读者服务部）
传　　真	（010）82106631
网　　址	http：// www.castp.cn
经 销 者	各地新华书店
印 刷 者	北京科信印刷有限公司
开　　本	170 mm × 240 mm　1/16
印　　张	18.75
字　　数	280千字
版　　次	2021年7月第1版　2021年7月第1次印刷
定　　价	78.00元

版权所有·翻印必究

转基因科普书系

《转基因大豆》

编辑委员会

主　　任：吴孔明

委　　员：李华平　陆宴辉　李香菊　李新海　张应禄

主　　编：李香菊

副 主 编：黄昆仑　陶　波　宋小玲

编　　者（以姓氏笔画为序）：

于惠林（中国农业科学院植物保护研究所）

王振营（中国农业科学院植物保护研究所）

宋小玲（南京农业大学）

李香菊（中国农业科学院植物保护研究所）

杨　峻（农业农村部农药检定所）

陈景超（中国农业科学院植物保护研究所）

邱　军（全国农业技术推广服务中心）

陶　波（东北农业大学）

黄昆仑（中国农业大学）

黄兆峰（中国农业科学院植物保护研究所）

崔海兰（中国农业科学院植物保护研究所）

魏守辉（中国农业科学院植物保护研究所）

PREFACE 序

转基因技术是通过将人工分离和修饰过的基因导入生物体基因组中，借助导入基因的表达，引起生物体性状可遗传变化的一项技术，已被广泛应用于农业、医药、工业、环保、能源、新材料等领域。农业转基因技术与传统育种技术是一脉相承的，其本质都是利用优良基因进行遗传改良。但与传统育种技术相比，转基因技术不受生物物种间亲缘关系的限制，可以实现优良基因的跨物种利用，解决了制约育种技术进一步发展的难题。可以说，转基因技术是现代生命科学发展产生的突破性成果，是推动现代农业发展的颠覆性技术。

从世界范围来看，转基因技术及其在农业上的应用，经历了技术成熟期和产业发展期后，目前已进入以抢占技术制高点与培育现代农业生物产业新增长点为目标的战略机遇期。对我国而言，机遇与挑战并存，需要利用现代农业生物技术，促进农业发展，保障粮食安全和生态安全。

像任何高新技术一样，农业转基因技术也存在安全性风险。我国政府高度重视转基因技术安全性评价和管理工作，已建立了完整的安全管理法规、机构、检测与监测体系，并发布了一系列转基因生物环境安全性评价、食品安全性评价及成分测定的技术标准。国际食品法典委员会（CAC）、联合国粮农组织（FAO）和世界卫生组织（WHO）等国际组织也制定了相应的转基因生物安全评价标准。要在利用转基因技术造福人类的同时，科学评价和管控风险，确保安全应用。

虽然到目前为止，全球尚没有发生任何转基因食品安全性事件，但公众对转基因产品安全性的担忧是始终存在的。从人类社会发展历史来看，不少重大技术从发明到广泛应用，都经历过一个曲折复杂的过程，其中人们对新技术的认识和接受程度起着重要的作用。因此，转基因科学普及工作是十分必要的，科学界要揭开转基因技术的神秘面纱，帮助公众在尊重科学的基础上，理性地看待转基因技术和产品。我们组织编写《转基因科普书系》，就是希望提高全社会对转基因技术的认知程度，为我国农业转基因技术的发展营造良好的社会环境。愿有志于此者共同努力！

中国工程院院士
中国农业科学院副院长 吴孔明

PREFACE 前言

大豆是粮、油、饲、营养等功能兼备的经济作物。大豆种子含有丰富的蛋白质和脂肪，大豆亚油酸具有降低血脂、软化血管、预防肥胖症等作用；大豆饼粕和茎叶是优质蛋白饲料；大豆根系固氮菌能增加土壤氮素；大豆也是重要的工业和医用原料。

大豆原产中国，已有5 000多年栽培历史。20世纪开始，大豆在世界各国普遍种植，目前全球种植大豆的国家达50个以上。中国是世界排名第四的大豆主产国，2019年种植面积933万hm^2，总产1 810万t。大豆在中国农业生产和人们生活中占有重要地位，在国际贸易中也扮演着调节与制衡角色。

20世纪80年代以来，基因工程技术迅速发展，采用转基因技术培育作物新品种成为研究热点。转基因大豆是最早商业化的生物技术育种产品，1996年开始在美国、阿根廷、墨西哥、加拿大等国大面积商业化种植，主要性状为耐除草剂、抗虫、品质改良等，其中耐除草剂性状广为人们利用，占转基因大豆的约90%。实践证明，转基因大豆在有效治理大豆田草害和虫害、减少农药使用，以及保障作物安全生产和高产、优质等方面提供了技术保障。

转基因作物是新生事物，人们对其种植和应用一直存在担心和争论。由于科普宣传相对缺乏，公众对转基因大豆及其安全性认识不够全面，由此引发一些疑问甚至误解，例如，大豆的耐除草剂基因是否会通过花粉传给周围的杂草和近缘野生种；是否会产生"超级杂草"和增加杂草防除的难度；食用转基因大豆是否安全。基于上述现状，我们组织国内从事转基因大豆安全性评价等相关领域的专家编写了《转基因大豆》一书，包括大豆的用途和生产史、大豆田草害和虫害、转基因大豆的研发、转基因大豆的环境安全性评价、转基因大豆的食用安全评价、转基因大豆的产业化和消费、转基因大豆的安全管理与监测等内容。我们希望通过本书，从科普性、知识性和专业性的角度，解答转基因大豆研发、应用和安全性方面人们普遍关注的问题。本书的编写得到了转基因生物新品种培育重大专项（2019ZX08013011）的资金支持，一并致谢。

由于编者水平有限，书中难免存在缺点和不足，敬请读者批评指正。

李香菊

2021年5月18日

目录 CONTENTS

第一章　大豆的用途和生产史

第一节　大豆的用途和价值 …………………………………… 001
第二节　大豆的形态特征 ……………………………………… 006
第三节　大豆的生活史 ………………………………………… 010
第四节　中国大豆的生产现状 ………………………………… 014

第二章　大豆的虫害和草害

第一节　大豆害虫种类及其防治 ……………………………… 023
第二节　大豆田杂草种类及其防治 …………………………… 059

第三章　转基因大豆的研发

第一节　大豆转基因技术 ……………………………………… 104
第二节　转基因耐除草剂大豆 ………………………………… 107
第三节　转基因抗虫大豆 ……………………………………… 122
第四节　转基因品质改良大豆 ………………………………… 124

第五节　其他性状转基因大豆 …………………………………… 127
第六节　转基因大豆的优势及效益 ……………………………… 128

第四章　转基因大豆的安全性评价

第一节　转基因生物安全评价的原则和内容 …………………… 136
第二节　转基因大豆安全评价方法 ……………………………… 143

第五章　转基因大豆的环境安全性评价

第一节　转基因大豆环境安全评价的内容 ……………………… 156
第二节　转基因大豆的功能效率评价 …………………………… 158
第三节　转基因大豆的生存竞争能力评价 ……………………… 166
第四节　外源基因漂移风险与环境影响评价 …………………… 174
第五节　转基因大豆对非靶标生物和生物多样性的影响评价 … 182

第六章　转基因大豆的食用安全评价

第一节　转基因大豆的营养学评价 ……………………………… 200
第二节　转基因大豆的过敏性评价 ……………………………… 205
第三节　转基因大豆的毒理学评价 ……………………………… 211
第四节　转基因大豆的非期望效应评价 ………………………… 215

第七章　转基因大豆的产业化和消费

第一节　美国转基因大豆产业化和消费 ………………………… 231
第二节　巴西转基因大豆产业化和消费 ………………………… 237

第三节　阿根廷转基因大豆产业化和消费 ·············· 240

第四节　中国转基因大豆产业化和消费 ·············· 243

第八章　转基因大豆的安全管理与监测

第一节　美国转基因大豆安全管理 ·············· 248

第二节　巴西转基因大豆安全管理 ·············· 252

第三节　阿根廷转基因大豆安全管理 ·············· 257

第四节　中国转基因大豆安全管理与监测 ·············· 262

第五节　靶标生物抗性监测与治理 ·············· 267

第六节　非靶标生物种群演替与控制 ·············· 274

主要参考文献 ·············· 281

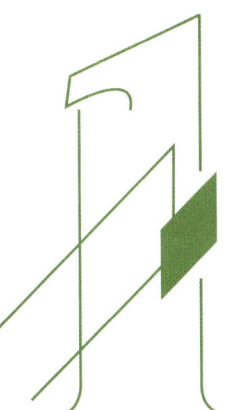

第一章 大豆的用途和生产史

大豆含有丰富的蛋白质,被誉为"土地里长出来的肉";大豆油是世界上最常用的食用油之一,大豆亚油酸具有降血脂、软化血管、预防肥胖症等作用,能促进儿童生长发育;大豆异黄酮是一种结构、功能与雌激素类似的植物性激素,能够减轻女性更年期综合征、延缓细胞衰老、保持皮肤弹性、减少钙流失;大豆低聚糖具有促进双歧杆菌增殖的作用,能抗菌、防病、防腹泻、增强免疫力;大豆茎叶是牲畜的好饲料;大豆根能增加后茬作物产量。可以说大豆浑身都是宝。

在这一章,我们将带着读者们了解大豆的价值、大豆的生物学特性和我国大豆的生产史。

第一节 大豆的用途和价值

大豆,俗称黄豆,学名 *Glycine max*(Linn.)Merr.。是豆科大豆属一年生草本植物,高30~90cm。茎粗壮,直立,密被褐色长硬毛。叶通常具3小叶（称为三出复叶），有叶柄，小叶宽卵形，纸质，顶生一枚较大；托叶具脉纹，被黄色柔毛。总状花序；总花梗上通常有5~8个无柄、密集的花朵；苞片披针形，被糙伏毛；花萼披针形，花冠蝶形，紫色、淡紫色或白色。荚果肥大，长圆形，稍弯，下垂，密被褐黄色长毛。种子2~5颗，椭圆形、近球形，种皮光滑，有淡绿、黄、褐和黑色等多种，种脐明显，椭圆形。我国北方地区花期6—7月，果期7—9月。

大豆原产中国，是从它的近缘种野生大豆（*Glycine soja* Sieb. et Zucc.）驯化而来，在中国已有5 000多年栽培历史。古书中描述的五谷"稻、黍、稷、麦、菽"中的"菽"即为大豆。《诗经》记载了中国古代周朝的农业生产情况，有"七月烹葵及菽""采菽采菽，筐之筥之"，说明大豆在当时农业生产上占有重要地位。由于大豆的经济价值高，20世纪以来世界各国已开始普遍种植，其已成为重要的粮食和油料作物之一。

根据种子的种皮颜色和粒形可将大豆分为5类：黄大豆、青大豆、黑大豆、其他大豆、饲料豆。黄大豆是种植最广泛的品种，最常用来做各种豆制品、酿造酱油和提取蛋白质，豆渣或粗粉也常用于禽畜饲料。青大豆是种皮为青绿色的大豆，青大豆富含蛋白质、纤维、不饱和脂肪酸、大豆磷脂、皂角苷、蛋白酶抑制剂、异黄酮、钼、硒等抗癌成分，也是人体摄取维生素的主要食物来源。黑大豆为种皮黑色的大豆，又名黑豆，味甘性平，具有高蛋白、低热量的特点。饲料豆（秣食豆）一般籽粒较小，常用作牲畜饲料。

一、大豆的用途

大豆的用途广泛，最直接的用途是食用。我国是直接将大豆作为食物的国家之一，大豆在我国食用历史悠久。相传公元前164年，淮南王刘安为使自己长生不老，不惜重金招纳方术之士在楚山谈仙论道、著书炼丹，他们试着用山中的泉水和黄豆混合磨制培育丹苗，不料仙丹没炼成，反而使豆汁与石膏相遇，形成了鲜嫩绵滑、美味可口的菽乳（豆腐）。因此，古人有"想长寿，多吃豆"的说法。

1. 食用

大豆可以加工成豆腐、豆浆、腐竹等豆制品。非发酵豆制品有水豆腐、豆腐干、豆芽、油炸豆制品、干燥豆制品等；发酵豆制品有酱油、豆瓣酱、豆豉、腐乳、臭豆腐、纳豆等。大豆油是重要的食用植物油，它是人体不饱和脂肪酸的重要来源，能起到降低胆固醇的作用，对高血压、心血管疾病也有辅助治疗功效。大豆油经过深加工，可生产大豆卵磷脂、起酥油和人造奶油等。其中，大豆卵磷脂有利于人体神经系统的发育，在糖果、食品工业、医药、造纸和制革方面也广为应用；起酥油和人造奶油应用于食品加工业。

2. 饲用

从大豆中提取食用油之后的副产品饼粕和大豆经压榨脱油后的残饼，是牲畜优质的蛋白饲料。因其粉碎后具有香味，家畜喜食，营养价值高。大豆茎叶也是优质蛋白饲料。

3. 医用

《食疗本草》记载，大豆具有"益气润肌肤"的功效。《本草汇言》记载，大豆具有"煮汁饮，能润脾燥，故消积痢"的功效。《本经逢原》记载，"误食毒物，黄大豆生捣研水灌吐，诸菌毒不得吐者，浓煎汁饮之，又试内痈及臭毒腹痛，并与生黄豆嚼，甜而不恶心者，为上部有痈脓及臭毒发瘀之真候"。大豆还有"宽中下气，利大肠，消水胀，治肿毒、催乳、外敷止刀伤出血"等功效。经发酵加工后的种子（淡豆豉）味苦、辛，性凉，解表、除烦、宣发郁热，用于感冒、寒热头痛、烦躁胸闷、虚烦不眠等。大豆异黄酮是从大豆中提炼出的具有雌性激素作用的生物活性物质，能够减轻女性更年期综合征症状、延缓细胞衰老、保持皮肤弹性、减少钙流失。

4. 工业用

大豆是高纯度硬脂酸的主要来源，可用来制造食品乳化剂、矿石浮选剂，还可制造肥皂和蜡烛。大豆油还用于制作甘油，而甘油是火药、医药和造纸的重要原料。豆油与桐油或亚麻油混合制成的油漆，有韧性，是室外油漆的好材料。由大豆油为原料制成的汽车喷漆，质地优良，色彩天然，性能稳定。大豆加工制成的氧化豆油，经提高密度和黏滞性，可替代润滑油，供汽车、轮船、机械使用。大豆油与酒精混合可以制造人造橡胶、液体燃料、瓷釉、印刷油墨、聚氯乙烯、树脂等产品。

二、大豆的价值

1. 食用价值

大豆是高蛋白种子。蛋白质含量高达35%~46%，远高于大米、小麦、玉米的蛋白质含量。大豆蛋白的氨基酸模式（即蛋白质中各种必需氨基酸的构成比例）接近人体需要的比值，易被消化吸收。大豆与谷类食物混合食用，可较好地发挥氨基酸构成互补作用。大豆脂肪含量为15%~20%，可用来榨油。大豆油是目前我国居民主要的烹调用油。大豆脂肪具有很高的营养价值，它含有很多不饱和脂肪酸，容易被人体消化吸收。大豆油不饱和脂肪酸约占85%，其中油酸32%~36%、亚油酸52%~57%、亚麻酸2%~10%、磷酸1.64%。大豆脂肪含胆固醇少，大豆含有的大豆异黄酮和膳食纤维，也有辅助机体降低胆固醇的作用。大豆对于动脉粥样硬化患者来说，是一种理想的营养品。

大豆含碳水化合物25%～30%，其中一半为人体可用的阿拉伯糖、半乳聚糖和蔗糖，淀粉含量较少；另一半为人体不能消化吸收的寡糖。大豆中含有丰富的钙、铁、维生素B_1、维生素B_2和维生素E；还含有铜、铁、锌、碘、钼等微量元素。大豆中的钙、磷与蛋白质相结合，容易被人体消化吸收。

2. 营养价值

大豆含有丰富的蛋白质，含有多种人体必需的氨基酸，可以提高人体免疫力。大豆中的卵磷脂可除掉附在血管壁上的胆固醇，防止血管粥样硬化，还防治因肥胖而引起的脂肪肝。大豆所含的皂苷有明显的降血脂作用。大豆中含有一种抑制胰酶的物质，对糖尿病有治疗作用。大豆中含有的可溶性纤维，既可通便，又能降低胆固醇含量；豆渣中的膳食纤维对促进消化和排泄固体废物有着举足轻重的作用。膳食纤维还具有降低血浆胆固醇、调节胃肠功能及胰岛素水平等功能。

3. 生物学价值

大豆中的一些植物化学物质及抗营养因子也具有特殊的生物学功能和较高的研究价值。其中，大豆异黄酮主要分布于种子的子叶和胚轴中，具有多种生物学功能。大豆异黄酮结构与雌激素相似，能够减轻女性更年期综合征症状、延迟女性细胞衰老、保持皮肤弹性、减少骨丢失等。大豆皂苷具有抗脂质氧化、清除自由基、增强免疫调节、抗肿瘤和抗病毒等多种生理功能，已经在食品、药品、化妆品上初步应用。大豆皂苷能够阻碍胆固醇的吸收，抑制血清胆固醇的上升，可起到预防和治疗高血压、冠心病等心血管疾病的作用。大豆卵磷脂对营养相关慢性病，如高脂血症和冠心病等具有一定的预防作用。

大豆中的植酸是很强的金属离子螯合剂，在肠道内可与锌、钙、镁、铁等矿物质螯合，影响其吸收与利用。近年来发现，植酸也有防止脂质过氧化损伤和抗血小板凝聚作用。大豆中的蛋白酶抑制剂以胰蛋白酶抑制剂为主，降低大豆的营养价值。但经常压加热30分钟或0.1MPa压力下加热10~25分钟，胰蛋白酶抑制剂即可被破坏。因人体缺乏α-D-半乳糖苷酶和β-D-果糖苷酶，不能将大豆中的水苏糖和棉子糖消化吸收，其在肠道细菌作用下产酸产气，引起胀气，故过去称水苏糖和棉子糖为胀气因子或抗营养因子。但近年发现大豆低聚糖可被肠道益生菌所利用，具有维持肠道微生态平衡、提高免疫力、降血脂、降血压等作用，目前已利用大豆低聚糖作为功能性食品基料，部分代替蔗糖应用于清凉饮料、酸乳、面包等多种食品生产中。生食大豆有豆腥味和苦涩味，是由豆类中的不饱和脂肪酸经脂肪氧化酶氧化降解，产生醇、酮、醛等小分子挥发性物质所致。将豆类加热、煮熟后即可破坏脂肪氧化酶和去豆腥味，也可以通过培育无脂肪氧化酶的大豆品种解决这个问题。大豆凝集素是能凝集人和动物红细胞的一种蛋白质，集中在大豆子叶和胚乳的蛋白体中，含量随成熟的程度而增加，发芽时含量迅速下降。大量食用该物质数小时后可引起头晕、恶心、呕吐、腹疼、腹泻等症状，影响动物的生长发育，但加热后植物红细胞凝血素即被破坏。

第二节　大豆的形态特征

一、种子

大豆种子按照形状可分为圆形、卵圆形、扁圆形等。种子大小通常用百粒重表示，一般为15~25g，不同品种有差异。

大豆种子（图1-1）是由子房内受精的胚珠发育而来，由种皮和胚构成，种皮颜色可分为黄色、青色、褐色、黑色及双色等，以黄色居多。种皮上有种脐，种脐是种子脱离珠柄后种皮上留的痕迹。在脐的靠近下胚轴的一端是珠孔，当发芽时，胚根由珠孔伸出。种子另一端是合点，是珠柄维管束与种脉连接处的痕迹。脐色的变化由无色、淡褐、褐、深褐到黑色。种皮分为表皮、下表皮和薄壁细胞层。胚由两片子叶、胚芽、胚轴和胚根组成。

图1-1　大豆种子

二、根与根瘤

1. 根系

大豆根系为直根系，由主根、侧根和根毛组成（图1-2）。大豆根量的80%集中在土壤的5~20cm耕层内。根毛密生使根具有巨大的吸收表面。在耕层较厚、肥沃、墒情好、没有杂草竞争及其他病虫害的土壤条件下，大豆根系发达。

图1-2　大豆根系与根瘤

2. 根瘤

大豆主根和侧根上都生有根瘤（图1-2）。根瘤呈球状，坚硬，微带淡红色，聚集或单生，主要分布在20cm以上的土层中。大豆幼苗时期，土壤里的根瘤菌从大豆根毛尖端侵入，到达根的表皮，由于一部分厚壁细胞受到刺激，分裂产生新的细胞并膨大向外突出，形成根瘤。根瘤菌生长繁殖需要的营养来自大豆的光合产物，根瘤菌固定空气中的游离氮素，除自身需要外，将多余部分供给大豆生长发育，两者是互利关系。据测定，一季大豆根瘤菌固氮约为大豆需氮量的59.6%。

三、叶片

大豆叶片有子叶、单叶、复叶之分。子叶俗称豆瓣，在出苗后10~15天内，子叶储藏的营养物质和其光合产物对幼苗生长很重要。子叶展开后3天，随着上胚轴伸长，首先出现2片单叶（真叶），第三节上生出第一片复叶，大豆多数品种为三出复叶。大豆复叶由托叶、叶柄和小叶3部分组成（图1-3）。托叶一对，小而狭长，位于柄和茎相连处两侧，有保护腋芽的作用。大豆小叶叶形有椭圆形、卵圆形、披针形和心脏形等。

图1-3 大豆叶片

四、茎

大豆茎包括主茎和侧枝。栽培品种有明显的主茎，株高一般50~100cm，茎粗6~15mm。主茎大多具有12~20节，但有的晚熟品种多达25节，而个别早熟品种仅有8~9节。大豆幼茎有绿色和紫色两种（图1-4），茎上生有茸毛。按主茎生长形态，大豆可分为蔓生型、半直立型、直立型，栽培品种均属于直立型。大豆主茎基部的腋芽常分化为分枝，多者可达10个以上，少者1~2个或不分枝。分枝与主茎所成角度的大小，分枝的多少及强弱，决定着大豆栽培品种的株型。

图1-4 大豆的茎和花

五、花果

大豆为总状花序。总花梗通常有5~8朵无柄、紧挤的花，植株下部的花有时单生或成对生于叶腋间；苞片、小苞片披针形；花萼长4~6mm，密被长硬毛或糙伏毛，常深裂成二唇形，裂片5，披针形，上部2裂片常合生至中部以上，下部3裂片分离，均密被白色长柔毛；蝶形花冠，花紫色、淡紫色或白色（图1-4）；雄蕊二体。大豆荚果长圆形，稍弯，下垂，肥大；

种子2～5颗，椭圆形、近球形、卵圆形至长圆形，种皮光滑，淡绿、黄、褐和黑色等多样。

第三节 大豆的生活史

大豆的一生分为6个生育时期：萌发与出苗期、幼苗期、花芽分化期、开花结荚期、鼓粒期、成熟期。

一、萌发和出苗期

环境条件适宜时，具有活力的大豆种子播种后4～6天即可出苗，子叶出土后经阳光照射由黄转绿，开始光合作用。种子胚根从胚珠珠孔伸出，当胚根长度与种子等长时称发芽。胚轴伸长，种皮脱落，子叶随下胚轴伸长露出土面，当子叶展开时称出苗（图1-5）。

图1-5 种子萌发与出苗

二、幼苗期

大豆出苗到花芽分化前为幼苗期（图1-6）。大豆出苗后2片子叶展

第一章 大豆的用途和生产史

开,其幼茎继续伸长,上面的2片真叶随即展开,这时幼苗具有2个节和1个节间。随着幼茎不断伸长,长出第一片复叶时称3节期。3节期地下根系生长较快,并开始形成根瘤。幼苗期末,根系初步形成,开始需要较多的水分和养料。第二复叶展平时,大豆开始进入花芽分化期。幼苗期20~25天,所以在大豆第一对单叶出现到第二复叶展平这段时间里,必须抓紧时间及时间苗、定苗,促进苗全、苗壮、根系发达,防治病虫害,为大豆丰产打好基础。

图1-6 幼苗期大豆

三、花芽分化期

从花芽开始分化到始花为花芽分化期(图1-7)。大豆整个花器构造为基部有2个小苞片,其上方为花萼,再上为花瓣,内方为9个雄蕊联合形成的雄蕊管和一个分离的雄蕊,雌蕊花柱微弯曲与雄蕊平齐,子房内含2~4个胚珠(将来形成种子)。大豆花芽分化和现蕾是在短日照条件下进行的。花芽开始分化,植株即进入生殖生长和营养生长并进时期。一般出苗后经25~30天开始花芽分化,这时须加强肥水管理,同时注意协调营养生长与生殖生长的关系,达到株壮、枝多、花芽多、花健。

图1-7　花芽分化期大豆植株及花序

四、开花结荚期

从始花到终花为开花期，从豆荚出现到幼荚形成为结荚期。大豆开花与结荚并进，所以这两个时期通称开花结荚期。大豆花序着生在叶腋或茎的顶端，每个花序上着生的花数因品种和栽培条件不同而异。胚珠受精后，子房逐渐膨大，形成幼荚，当荚长1cm时，称为结荚。大豆由现蕾至开花一般为3~7天，开花结荚期是大豆生育最旺盛的时期，也是需水、需肥、需光最多的时期。开花期应加强肥水管理，并使植株通透良好，以达到花多、荚多、粒多，减少花荚脱落。

五、鼓粒期

从豆粒开始膨大到长至最大体积和重量时止称鼓粒期（图1-8）。开花后10天内种子干物质积累缓慢，之后的7~21天积累较快。鼓粒结束时种子一般含水率约90%。鼓粒期30~40天，鼓粒期是大豆产量形成的重要时期，此时大豆得到充足的水分、养分和光照将增加每荚粒数、粒重和种子质量。干旱、多雨、低温、寡照易造成落荚、秕粒、粒重降低、品质下降。

图1-8　开花结荚期及鼓粒期

六、成熟期

大豆叶片变黄脱落，豆粒脱水，呈现品种固有性状，这时种子含水率已降至15%以下，直到摇动植株时荚内有轻微响声，即为成熟期（图1-9）。此期天气晴朗、干燥可促进成熟且有利于提高品质。

图1-9 大豆成熟期

第四节 中国大豆的生产现状

一、中国大豆种植分区

按照气候和自然条件、耕作栽培制度、品种生态类型、种植发展历史等，将中国大豆生产区域采取两级制划分：第一级以主要作物的熟制，将全国划分为5个大区；第二级在大区内按照地域自然条件的差别又划分为7个亚区。

1. 北方春大豆区

包括黑龙江、吉林、辽宁、内蒙古、宁夏、新疆等省区及河北、山西、陕西、甘肃等省北部，该区分3个亚区，其中东北春大豆亚区为大豆主产区。

（1）东北春大豆亚区（Ⅰ1）

包括黑龙江、吉林、辽宁，以及内蒙古东部四盟。

（2）黄土高原春大豆亚区（Ⅰ2）

包括河北北部、山西北部、陕西北部、内蒙古高原一部分和河套灌区，以及宁夏。

（3）西北春大豆亚区（Ⅰ3）

基本为新疆农区。

2. 黄淮海夏大豆区

包括华北大豆生产区域的河北、河南、陕西、山东的部分地区，该区分2个亚区。

（1）冀晋中部春夏大豆亚区（Ⅱ4）

包括河北长城以南，石家庄、天津一线以北，陕西省中部和东南部。

（2）黄淮海流域夏大豆亚区（Ⅱ5）

包括石家庄、天津一线以南，山东、河南大部，江苏洪泽湖和安徽淮河以北，山西西南部，陕西关中地区，甘肃天水地区。

3. 长江流域春夏大豆区

包括黄淮海夏大豆区的南沿长江各省份及西南云贵高原，该区分两个亚区。

（1）长江流域春夏大豆亚区（Ⅲ6）

包括江苏、安徽两省长江沿岸部分，湖北全省，河南、陕西南部，浙江、江苏、湖南的北部，四川盆地及东部丘陵。

（2）云贵高原春夏大豆亚区（Ⅲ7）

包括云南、贵州两省绝大部分，湖南和广西的西部，四川西南部。

4. 东南春夏秋大豆区

包括福建、江西、台湾，浙江南部，湖南、广东、广西的大部。

5. 华南四季大豆区

包括广东、广西、云南的南部边缘和福建的南端。

东北地区是我国历史悠久和规模集中的大豆种植区，商品率高、商品量大，在当地农业产业结构中占有重要地位，对稳定我国大豆产业有着举足轻重的影响。黑龙江省大豆种植面积和产量约占全国的1/3。黑龙江省的松嫩平原、三江平原和内蒙古的东部地区，大豆播种面积常年占粮食总播种面积的30%以上，最高的区域占70%。该区域大豆面积在50万亩（1亩≈667m^2，15亩=1hm^2，全书同）以上的县（市）有27个，户均大豆种植面积一般在10亩左右。

二、中国大豆生产情况

大豆原产于中国，是重要的粮、油、饲、营养等功能兼备的经济作物，在我国农业生产和人们生活中占有重要地位。同时，大豆具有贸易杠杆功能，在国际贸易中扮演着调节与制衡角色，能够影响世界经济与政治风向。因此，世界各国一直高度重视大豆产业发展。随着美国关税政策对中国外贸的持续冲击，亟须加快中国大豆产业的自主科技创新，适当扩大种植面积，促进产能提升，保障必要食用供给，切实提高中国大豆产业抵御不确定风险的能力。

1. 中国大豆生产现状

20世纪50年代以前，中国是世界上最大的大豆生产国。1964年，中国大豆种植面积为1 000万hm^2，达到历史峰值。60年代中期，大豆生产开始出现下滑。1991年以来，中国大豆种植面积一直在700万～960万hm^2，每公顷单产基本在1.7t左右，从而造成总产量低水平波动。相对于美洲大豆的快速增长，中国大豆生产几乎处于停滞状态，我国大豆产量占世界的份额已经由1990年的10%降到目前的不足7%。然而，与此形成鲜明对比的是，中国的大豆进口量在近20年发生了巨大变化。1996年，中国由大豆净出口国变成净进口国。此后大豆进口量逐年递增、出口量逐年递减。2018年我国各省区市大豆产量如表1-1所示。

表1-1 2018年我国各省区市大豆产量　　　　单位：万t

地区	大豆产量
北京市	0.37
天津市	1.35
河北省	21.23
山西省	23.60
内蒙古自治区	179.40
辽宁省	17.99
吉林省	55.14
黑龙江省	657.77
上海市	0.17
江苏省	49.12
浙江省	21.46
安徽省	97.49
福建省	8.62
江西省	26.27
山东省	43.33
河南省	95.57
湖北省	34.21
湖南省	26.51
广东省	8.71
广西壮族自治区	16.17
海南省	0.64
重庆市	19.87
四川省	88.80
贵州省	19.72

(续表)

地区	大豆产量
云南省	43.51
西藏自治区	0.03
陕西省	23.92
甘肃省	7.23
青海省	0
宁夏回族自治区	0.88
新疆维吾尔自治区	7.64

(1) 我国大豆种植面积变化

中国大豆生产区域主要集中在东北地区，其中，黑龙江是全国最大产区，大豆种植面积为356多万公顷，占全国种植面积42.4%，大豆产量650多万吨，占全国总产量的41.2%。

改革开放以来，中国大豆生产有所恢复和发展。1978—1990年，家庭联产承包责任制的实行以及政府提高大豆收购价格，激发了农民种植大豆的积极性。大豆种植面积、单产和总产均有较大幅度增长，1987年大豆总产量达到1 247万t，为快速增长阶段。1991—1996年大豆面积出现大幅波动。自1994年开始，面积、产量连续下滑，至1996年产量回落至1992年的水平。自1997年之后，大豆生产开始波动上升，2005年播种面积达到历史最高水平，其后虽有所下降，但降低幅度不大。2010年以来，播种面积大幅下滑。2012年播种面积降至717万hm^2。随着我国大豆产业发展和科技进步，大豆育种技术不断增强，大豆生产机械化水平不断提高，加上国家相关政策扶持并加大补贴力度，农民种田积极性增加，同时，由于种植结构调整和植物油消费逐年增加，对大豆的需求不断增长，大豆种植面积得到提升。2019年全国大豆播种面积约933万hm^2，2020年大豆种植面积增加到约987万hm^2。辽宁、吉林、黑龙江、内蒙古"三省一区"大豆面积增加量占全国增加量的九成以上。但是在整个生产过程中，农民使用农药、化肥过量，成本投入过高，造成农户收益过低，如果离开政府补贴，农户大豆种植的积极性仍然不高。

（2）我国大豆产量分析

从大豆产量来看，中国大豆产量保持稳定上涨趋势。2017年、2018年和2019年，我国大豆总产量分别为1 528.25万t、1 596.71万t和1 727.25万t，大豆产量不断增加。目前，国产大豆为非转基因大豆，主要用于食品加工。

（3）我国大豆进出口现状

当前，我国大豆供需矛盾突出，大豆供应严重依赖进口。从大豆进口情况来看，2013—2019年，进口量整体呈增长趋势。2017年，国内大豆产量为1 530万t、大豆进口量9 554万t，进口大豆份额高达86%，为历史第一高峰。2018年受中美贸易战影响，中国大豆进口量8 803.1万t，同比下降7.9%；2019年大豆进口量9 543万t，为历史第二高峰。从大豆出口情况来看，2013—2019年，中国大豆出口量整体呈下降趋势，2019年大豆出口量下降到11.4万t。

随着下游压榨产能扩大以及养殖行业需求的增加，今后一段时间内，我国大豆消费将继续保持供不应求的局面。

2. 我国大豆种植成本及农民收入分析

据统计，2017年国内主要产区单位面积大豆种植总收益为7 343元/hm^2，单位面积的现金收益为2 728元/hm^2，远低于其他粮食作物的现金收益。2017年我国大豆单位面积总成本9 938元/hm^2，其中，现金成本4 615元/hm^2。从成本构成来看，物质与服务费用3 196元/hm^2，其中的农机服务受到油价上涨的影响出现明显的增长；受到城乡居民收入整体上涨，劳动力相对紧张的影响，用工价格上涨，人工成本3 418元/hm^2，人工成本中雇工费用占比10.82%。土地成本3 324元/hm^2，土地流转费用占比达到31.56%。大豆主产区农民放弃农耕，外出务工比例的增长推动土地流转比例的提升。2017年单位面积种植利润为-2 595元/hm², 生产种植大豆成本利润率为-26.11%。只有加上政府补贴,大豆种植才可能有少量利润。如黑龙江地区确权登记的合法耕地每公顷补贴2 602元,使大豆生产有一定的利润。

案例　大豆全球分布及生产情况

美国、巴西、阿根廷、中国、印度、巴拉圭、加拿大、乌克兰、玻利维亚、乌拉圭、俄罗斯等为世界上主要大豆生产国,其种植面积之和占世界种植面积的95%以上。目前全球大豆种植主要集中在美洲。据联合国粮食及农业组织(Food and Agriculture Organization of the United Nations,FAO)数据,2017年全球大豆种植总面积约1.24亿hm²,按照种植面积分为4个梯队。

第一梯队:美国及巴西。美国和巴西种植面积分别为3 348万hm²和3 315万hm²,分别占比27.6%和27.3%。

第二梯队:阿根廷及印度。阿根廷和印度种植面积分别为1 950万hm²和1 150万hm²,分别占比16%和9.5%。

第三梯队:共有7个国家,种植面积100万hm²以上。中国664万hm²、巴拉圭337万hm²、加拿大219万hm²、俄罗斯212万hm²、乌克兰186万hm²、玻利维亚134万hm²、乌拉圭114万hm²,分别占比5.5%、2.8%、1.8%、1.7%、1.5%、1.1%、0.9%。

第四梯队:种植面积100万hm²以下,合计种植面积占比4.3%。

从近年来大豆生产国的情况分析,美国是目前世界上最大的大豆生产国。其产量占世界大豆总产量的一半以上,巴西是第二大豆生产国,阿根廷、中国的大豆产量分别居于世界第三、第四位。

根据美国农业部(United States Department of Agriculture,USDA)统计,2017—2018年全球大豆出口量约1.5亿t,大豆主要出口国集中在美洲五国,依次为巴西(占比约43%)、美国(占比约40%)、阿根廷(占比约

5%)、巴拉圭（占比约4%）及加拿大（占比约3%），五国合计出口占比约95%；由于南北美洲产季互补，可全年供应全球市场。大豆进口国则相对集中在中国、欧盟、墨西哥、埃及、日本、泰国、印度尼西亚、伊朗及土耳其等9个国家及地区，合计占比超过80%。

从转基因大豆种植情况看，大豆主要出口国转基因大豆种植比例分别为巴西96%、美国94%、阿根廷100%、巴拉圭99%、加拿大95%。我国目前无转基因大豆种植，但中国从1995年开始变成大豆净进口国，2003年进口2 074万t，这一年国内大豆进口量首次超过国内大豆产量，2013年进口6 338万t，2018年进口8 803万t。目前我国大豆超过85%依赖进口，进口主要来自巴西和美国这两个转基因大豆生产大国。

第二章 大豆的虫害和草害

病虫草害是大豆生产中影响产量、品质的重要因素。了解有害生物的种类，掌握其发生规律，研发有效的防控技术，是大豆稳产、优质、高效的技术保障。目前全球种植的转基因大豆主要是耐除草剂大豆，其次是耐除草剂、抗虫复合性状的大豆，还有少量品质改良大豆。因此，本章重点介绍大豆田主要害虫和杂草及其防控技术，解释说明大豆中转入耐除草剂、抗虫等基因的重要性。

第一节 大豆害虫种类及其防治

大豆害虫种类繁多，已知的种类达240种左右。大豆从种到收各个生育阶段以及植株各部位均可遭受害虫侵袭。我国每年由害虫引起的大豆产量损失为10%~15%。大豆害虫主要种类有大豆卷叶螟、银纹夜蛾、大造桥虫、斜纹夜蛾、棉铃虫、甜菜夜蛾、小造桥虫、豆小卷叶蛾、豆天蛾、豆荚螟、豆灰蝶、大豆食心虫、烟粉虱、大豆蚜、花生蚜、大青叶蝉、斑须蝽、茶翅蝽、点蜂缘蝽、二星蝽、绿盲蝽、三点盲蝽、赤须盲蝽、二条叶甲、双斑长跗萤叶甲、双斑萤叶甲、大灰象甲、蒙古灰象甲、朱砂叶螨等。但由于地域、自然条件和栽培制度等不同，各大豆产区害虫种类、种群密度和发生为害程度也有明显差异。北方春大豆产区，主要害虫有大豆食心虫、大豆蚜、豆根蛇潜蝇、黑绒金龟、蒙古灰象甲、东北大黑鳃金龟和草地螟等，其中大豆食心虫和大豆蚜是此产区最主要害虫。黄淮海大豆产区主要害虫有豆秆黑潜蝇、银纹夜蛾、大豆小夜蛾、豆天蛾、大豆食心虫、大豆蚜、二条叶甲、华北大黑金龟、暗黑鳃金龟、油葫芦和豆荚螟等。尤其是豆秆黑潜蝇发生普遍，夏大豆生长中、后期蛀茎率有时可达100%；银纹夜蛾和豆天蛾，某些年份和地区可造成毁灭性灾害。大豆食心虫为害有上升趋势。南方大豆产区发生最普遍的有豆荚螟、豆芫菁、三条叶甲、大豆毒蛾等。

一、鳞翅目害虫种类及其防治

（一）大豆卷叶螟

学名 *Lamprosema indicate* Fabricius，属鳞翅目草螟科。为大豆的重要害虫。雌蛾喜欢将卵产于叶背，每雌产卵在40~70粒，幼虫孵化后即将叶片卷成筒状，潜伏其中取食叶肉，尤以大豆开花结荚盛期为害严重，使茎叶组织受损，不能正常生长，影响大豆光合作用。

分布于浙江、江苏、江西、福建、台湾、广东、湖北、四川、河南、河北、内蒙古等省区。

1. 发生规律

长江以南发生较重，浙江年发生2~3代，南方地区年发生4~5代，以蛹在残株落叶内越冬。浙江约在5月上中旬羽化，8—10月为发生盛期，11月前后以老熟幼虫在残株落叶内化蛹越冬。成虫具有驱光性，昼伏夜出。

卵产在豆叶背面,每只雌蛾产卵约330粒。幼虫孵化后在豆叶背面取食,不久则卷叶为害,老熟后在卷叶中化蛹。

2. 防治方法

(1)农业防治

作物采收后及时清除田间的枯枝落叶,在幼虫发生期结合农事操作,人工摘除卷叶,捏死卷叶中的幼虫。

(2)化学防治

一般无须用药防治,但当田间害虫数量较多时,可喷药防治。使用的药剂有25g/L溴氰菊酯乳油,20%的甲氰菊酯·氧乐果乳油,40%毒死蜱乳油等。

(二)银纹夜蛾

学名 *Argyrogramma agnata*(Staudinger),属鳞翅目夜蛾科(图2-1)。为多食性害虫,主要为害豆类作物和十字花科蔬菜。幼虫食叶将菜叶吃成孔洞或缺刻,并排泄粪便污染植株。低龄幼虫仅在叶背取食叶肉留下一层表皮,进入4龄后食量大增,蚕食叶片,老熟幼虫在叶背吐丝结茧化蛹。幼虫共5龄有假死性,受惊后会蜷缩坠地。

图2-1 银纹夜蛾幼虫为害大豆叶片(于惠林 拍摄)

分布于华东、华北、东北，以及宁夏等地。

1. 发生规律

银纹夜蛾一年发生世代数因地区而异，在山东一年发生5代，在湖南6代，在广东7代，均以蛹越冬。在山东，第一代幼虫发生于4月下旬至6月下旬，主要为害春季十字花科蔬菜。第二代幼虫发生于6月中旬至7月中旬，主要为害春大豆和部分早播夏大豆。第三代发生于7月下旬到8月中旬，第四代发生于8月中旬至9月中旬，均为害夏大豆，尤以第三代为害严重。第五代发生于9月上旬至10月中旬，为害秋季十字花科蔬菜，并以此代幼虫在菜地枯叶上化蛹越冬。成虫昼伏夜出，趋光性强，趋化性弱。喜在生长茂密的豆田中产卵，卵多散产在豆株上部叶片的背面。

2. 防治方法

（1）农业防治

对秋天末代幼虫发生较多的田块进行冬耕深翻，可直接消灭部分越冬蛹，被深埋的蛹则不能羽化出土，而暴露地表的蛹又会被鸟类等天敌捕食或风干而死，因而大大降低翌年的虫口基数。

（2）生物防治

选择对天敌毒性低的农药，并根据害虫和天敌田间发生期的差异，调整施药时间，避开在天敌大量发生时施药以保护天敌。可人工投放稻苞虫黑瘤姬蜂或喷施苏云金杆菌、银纹夜蛾多角体病毒等制剂，控制害虫。

（3）物理防治

利用成虫比较强的驱光性，在羽化期设置黑光灯诱杀成虫，以降低田间落卵量和幼虫密度。

（4）化学防治

在3龄以前喷药，这时幼虫食量小、抗药性弱，是化学防治的有利时机。可根据灯下诱集成虫的高峰期确定1~2龄幼虫期,或根据初龄幼虫为害确定防治时间。通常选用25g/L溴氰菊酯乳油、20%高效氯氰菊酯·辛硫磷乳油等。

(三)大造桥虫

学名 *Ascotis selenaria* Schiffermüller et Denis,属鳞翅目尺蛾科(图2-2)。幼虫以取食芽、叶及嫩茎为主,严重时可将植株食成光杆。在长江中下游地区年发生4~5代,以蛹在土中越冬。各成虫盛发期为6月上中旬、7月上中旬、8月上中旬及9月上中旬。卵多产在地面、土缝及草秆上。初孵幼虫可吐丝随风漂移传播扩散。10—11月以末代幼虫入土化蛹越冬。

在全国各地均有分布。

图2-2 大造桥虫幼虫(于惠林 拍摄)

1. 发生规律

在长江中下游地区年发生4~5代,以蛹在土中越冬。各成虫盛发期为6月上中旬、7月上中旬、8月上中旬及9月上中旬。10—11月以末代幼虫入土化蛹越冬。成虫昼伏夜出,具很强的趋光性,产卵前期2~3天,卵多产在地面、土缝及草秆上，大发生时，枝干、叶片上均可着卵。卵成堆产下，每堆数十粒至百余粒不等，每雌可产卵1 000～2 000粒，越冬代仅产200粒左右。初孵幼虫可吐丝随风漂移传播扩散。该虫为间歇性暴发害虫，一般年份主要在豆类和棉花上为害。

2. 防治方法

（1）农业防治

作物收获后，及时将枯枝落叶收集干净，并清理出田外深埋或烧毁，消灭藏匿在其中的幼虫、卵块和蛹，以压低虫口基数。结合翻耕土壤亦能有效降低虫蛹数量。

（2）物理防治

利用黑光灯、频振式杀虫灯诱杀成虫，可在成虫始发期开始，高峰期应大力进行，以诱杀成虫。

（3）化学防治

在幼虫3龄以前喷药防治，使用的药剂有25g/L溴氰菊酯乳油、20%氯氰菊酯·辛硫磷乳油、20%氰戊菊酯乳油、45%马拉硫磷乳油等。

（四）斜纹夜蛾

学名 *Spodoptera litura* Fabricius，属鳞翅目夜蛾科（图2-3）。为间歇性暴发的暴食性害虫，寄主植物多达99个科290多种，是我国农业生产上的主要害虫之一。主要以幼虫为害，食性杂且食量大，初孵幼虫在叶背为害，取食叶肉，仅留下表皮；3龄幼虫取食后造成叶片缺刻、残缺甚至全部吃光，蚕食花蕾造成缺损，容易暴发成灾。

世界性分布。我国除青海、新疆未发现外，各省区市都有发现，主要发生在长江流域的江西、江苏、湖南、湖北、浙江、安徽，黄河流域的河南、河北、山东等省。

第二章 大豆的虫害和草害

图2-3 斜纹夜蛾幼虫为害大豆叶片（汤印 拍摄）

1. 发生规律

该虫从华北到华南年发生4～9代，华南及台湾等地可终年为害，长江中下游地区5～6代，世代重叠。成虫昼伏夜出，飞翔力强，白天躲藏在植株茂密的叶丛中，黄昏时飞回开花植物，并对光、糖醋液及发酵物质有趋性。卵多产于植株中下部的叶片背面，多数多层排列，卵块上覆盖棕色黄色绒毛。每只雌蛾平均产卵3～5块，共400～700粒。初孵幼虫在卵块附近昼夜取食叶肉，2～3龄开始分散转移为害，4龄后昼伏夜出并食量骤增。幼虫体色变化很大，主要有淡绿色、黑褐色、土黄色。以蛹在土下3～5cm处越冬。

2. 防治方法

（1）农业防治

在大豆生长季节及时中耕除草，铲除田间周围杂草，减少寄主生活的场所。大豆收获后，将残株落叶带出田外集中处理，并及时深耕翻地，消灭土中的幼虫和蛹。

(2）物理防治

采用黑光灯、频振式杀虫灯和性诱剂等对其进行诱杀，能明显控制田间产卵量。

(3）生物防治

斜纹夜蛾的天敌种类较多，包括捕食性和寄生性天敌，如瓢虫、蜘蛛、寄生蜂、线虫和病毒微生物等（图2-4），对斜纹夜蛾的自然控制起着重要作用。因此，应合理用药，保护天敌，发挥天敌的灭虫作用，保持生态平衡。

图2-4　斜纹夜蛾幼虫被斯氏侧沟茧蜂寄生（汤印 拍摄）

(4）化学防治

40%毒死蜱乳油、25g/L溴氰菊酯乳油、200g/L氟虫苯甲酰胺悬浮剂、14%氯虫苯甲酰胺·高效氯氟氰菊酯微囊悬浮剂、30%甲氰菊酯·氧乐果乳油等。

（五）棉铃虫

学名 *Helicoverpa armigera*（Hübner），属鳞翅目夜蛾科（图2-5）。多食性害虫，寄主很多，除棉花外，还包括大豆、玉米、小麦等作物及茄果类蔬菜，已知寄主有200多种。在大豆上可为害嫩叶和顶心，嫩叶被吃成小孔洞和缺刻；可蛀食花蕾、取食花朵，造成落花、落蕾，影响产量；蛀食豆荚、取食种子；还可蛀入茎秆中，导致植株枯死。

广泛分布于世界各地，在我国各地普遍发生。

图2-5　棉铃虫为害大豆叶片（汪洋洲 拍摄）

1. 发生规律

棉铃虫在长江流域年发生5代左右，辽宁、西北内陆地区等棉区为3代，华北地区及黄河流域为4代，华南地区为6～8代，以滞育蛹在土中越冬。黄河流域越冬代成虫于4月下旬始见，第一代幼虫主要为害小麦、豌豆、亚麻、蔬菜；第二代棉铃虫转入大豆、玉米等作物田为害，成虫始见月7月上中旬，盛发于7月中下旬；第三代始见于8月上中旬。长江中下游地区第四代始见于9月上中旬。成虫昼伏夜出，具趋光、趋化性，白天多栖息在植株隐蔽处，傍晚开始活动，取食蜜源植物补充营养、寻偶、交配、产卵。卵散产，每只雌蛾产卵100～200粒。初孵幼虫先食卵壳，整个幼虫期可为害10余个豆荚，3龄以上幼虫互相残杀。老熟幼虫入土化蛹。

2. 防治方法

（1）农业防治

冬耕冬灌减少虫源基数。

（2）物理防治

采用杨树枝诱蛾产卵或种植玉米、番茄等诱集作物，进行集中灭杀。也可利用黑光灯、频振式杀虫灯诱杀。可利用第二代或第三代棉铃虫喜食番茄和玉米雌雄穗的习性，在豆田中种植少量的番茄，或在田边周围种植少数春玉米，诱集成虫在其上产卵，然后在诱集植物上集中喷药灭杀。

（3）生物防治

可在田间释放赤眼蜂消灭棉铃虫卵，也可释放草蛉来减少棉铃虫幼虫数量。

（4）化学防治

在卵孵化盛期，选用20%氯氰菊酯·辛硫磷乳油、20%氰戊菊酯乳油、45%马拉硫磷乳油、200g/L氯虫苯甲酰胺等。

（六）甜菜夜蛾

学名 *Spodoptera exigua* Hübner，属鳞翅目夜蛾科（图2-6）。为间歇性暴发的暴食性多食性害虫，寄主广泛，为害大豆、玉米、棉花等170多种植物。初孵幼虫在叶背群集取食叶肉，受害部位呈网状半透明的窗斑，干枯后纵裂。3龄后幼虫开始分群为害，可将叶片吃成孔洞、缺刻，严重时全部叶片被食尽，整个植株死亡。4龄后幼虫开始大量取食，蚕食叶片，啃食花瓣，蛀食茎秆及果荚。

全国各地均有分布，以华北、东北、西北，长江流域，及台湾等地发生为害严重。

第二章 大豆的虫害和草害

图2-6 甜菜夜蛾幼虫为害大豆叶片（汪洋洲 拍摄）

1. 发生规律

在长江流域一年发生5~6代，少数年份发生7代，越往南方其每年发生代数会随之增加，广东地区一年可发生10~11代。主要以蛹在土壤中越冬，在华南地区无越冬现象，可终年繁殖为害。成虫白天隐藏在杂草、土块、土缝、枯枝落叶等处，晚上活动最盛，进行取食、交尾和产卵。成虫对黑光灯有较强的趋性。卵多产于叶片背面，卵块单层或双层，卵块上盖着白色鳞片。成虫产卵前期为1~2天，产卵期为3~4天，每头雌虫产卵100~200粒。幼虫5龄，个别6龄，5~6龄幼虫食量可占全幼虫期食量的88%~92%。

2. 防治方法

（1）农业防治

甜菜夜蛾在不少地区是以蛹越冬，可以通过翻土、消灭部分越冬蛹。春季3—4月，结合中耕松土，清除杂草、消除杂草上的初孵幼虫。

（2）物理防治

甜菜夜蛾具有较强的趋光性，灯光诱杀是一项有效的措施，可利用黑光灯、频振式杀虫等进行诱杀。

（3）生物防治

可以斜纹夜蛾长距姬小蜂来减少甜菜夜蛾幼虫数量（图2-7）。

图2-7 甜菜夜蛾幼虫被斜纹夜蛾长距姬小蜂寄生（汤印 拍摄）

（4）化学防治

在甜菜夜蛾大发生时，药剂防治是有效措施。防治适期是幼虫3龄以前。可使用10%甲氨基阿维菌素苯甲酸盐·毒死蜱乳油，20%高效氯氰菊酯·辛硫磷乳油等。

（七）小造桥虫

学名*Anomis flava* Fabricius，属鳞翅目夜蛾科。寄主除大豆外，还有棉花、木槿、冬葵、蜀葵、锦葵、黄麻、烟草、木耳菜等。为黄河、长江流域重要害虫。特别在多雨年份的7—8月发生尤为严重。低龄幼虫啃食叶肉，残留表皮，3~4龄后咬食叶片，现不规则孔洞或缺刻，严重时，上部叶片被食光，影响产量。

在国外分布于美国、马来西亚、乌干达、印度、朝鲜、日本等国；国内除西藏和新疆外，其他地区均有分布。

1. 发生规律

在河北和山东北部一年主要发生3代，部分4代；在河南、山东南部、陕西关中及苏北一年主要发生4代，在湖北、湖南为5代，江西5~6代，四川6代，均以老熟幼虫在寄主的叶缘处做茧化蛹越冬。第一代在木槿和苘麻上为害，第二代开始进入豆田，第三、第四代为害最重，最后一代又转移到木槿、冬葵上为害。成虫多在夜间羽化。白天隐伏在植株下部的叶片反面及杂草间，19：00—23：00活动最盛，有趋光性。成虫羽化后第二天开始交尾，交尾多在20：00—24：00。卵散产，叶背最多，每雌产卵200~1 000粒。

2. 防治方法

（1）农业防治

收获后处理豆秸和田内外落叶，以清除越冬蛹。

（2）物理防治

利用黑光灯、频振式杀虫灯、杨树枝把诱杀成虫，可在成虫始发期开始，高峰期应大力进行。

（3）化学防治

在幼虫3龄以前喷药防治，选用20%氯氰菊酯·辛硫磷乳油、20%氰戊菊酯乳油、45%马拉硫磷乳油、200g/L氯虫苯甲酰胺悬浮剂、90%敌百虫原药等。

（八）豆小卷叶蛾

学名 *Matsumuraeses phaseoli* Matsumura，属鳞翅目小卷叶蛾科。寄主为大豆、豌豆、绿豆、小豆、苜蓿、草木樨等作物。幼虫蚕食叶、花、荚粒，初孵幼虫在嫩芽或茸毛间结丝为害，2龄后吐丝把叶缘、顶梢数叶、豆荚缀合成团，幼虫在其中取食，致顶梢干枯。幼虫2龄前不活泼，3龄后受惊多迅速后退。多雨年份发生重，夏季干旱少雨时期发生轻。在山东第一代成虫于7月下旬盛发，第二代8月上旬，第三代8月下至9月上旬，9月下旬至10月中旬以第四代末龄幼虫越冬。

我国东北、西北、华北地区及台湾等地有分布。

1. 发生规律

在陕西一年发生4~5代，以幼虫或蛹在豆田10cm左右深的土层越冬。翌年3月越冬幼虫开始化蛹，4月上旬发现成虫，在苜蓿、草木樨等上产卵，并发生第一代幼虫。5月下旬至6月上旬发生第一代成虫，迁飞到春大豆田中产卵为害。第二代成虫发生在7月中旬至8月中下旬，为害夏大豆。第三代发生在9月，继续为害夏播大豆，孵化晚的幼虫到10月中旬即开始入土越冬；孵化早的可继续发育，化蛹羽化，到10月下旬发生第四代成虫。成虫飞到苜蓿、草木樨和苕子上产卵为害，11月后全部幼虫老熟越冬。成虫夜间活动，以19：00—23：00最盛，成虫有趋化、趋光性，喜食花蜜。成虫羽化后立即产卵，单雌产卵量为105~500粒，卵多产在豆叶背面。幼虫具5个龄期，幼虫历期11~16天，蛹期8~10天。

2. 防治方法

（1）农业防治

在南方对豆田深耕和冬灌可消灭越冬幼虫。选用抗虫品种，一般多毛或具有结荚习性的品种有耐虫或抗虫性。

（2）化学防治

在成虫盛发期和幼虫孵化期喷药防治，可使用20%氰戊菊酯乳油、200g/L氯虫苯甲酰胺悬浮剂、14%高效氯氟氰菊酯·氯虫苯甲酰胺微囊悬浮剂、20%高效氯氟氰菊酯·辛硫磷乳油等。

（九）豆天蛾

学名*Clanis bilineata tsingtauica* Mell，属鳞翅目天蛾科（图2-8）。寄

主为大豆、豇豆等豆科植物。初孵幼虫取食嫩叶边缘部分，4龄前幼虫白天多藏于叶背，夜间取食（阴天则全天取食），4～5龄幼虫白天多在豆秆茎枝上为害，并转株为害，严重时将全株叶片吃光，不能结荚。

分布于我国除西藏外的其他各省区市。

图2-8　豆天蛾幼虫（于惠林 拍摄）

1. 发生规律

黄淮流域年发生1代，长江流域和华南地区发生2代。以末龄幼虫在土中9～12cm深处越冬，越冬场所多在豆田及其附近土堆边、田埂等向阳地，翌年春季在表土层化蛹。年发生1代的地区，一般在6月中下旬化蛹，7月上中旬为羽化盛期，7月中下旬至8月上旬为成虫产卵盛期，7月下旬至8月下旬为幼虫发生盛期，9月上旬幼虫老熟入土越冬。年发生2代的地区，5月上中旬化蛹和羽化，第一代幼虫发生于5月下旬至7月上旬，第二代幼虫发生于7月下旬至9月上旬，全年以8月中下旬为害最严重，9月中旬后老熟幼虫入土越冬。成虫昼伏夜出，飞翔力很强，但趋光性不强。喜在空旷而生长茂密的豆田产卵，一般散产于第三、第四片豆叶的背面，每叶1粒或多粒，每只雌蛾产卵300粒左右。幼虫具5龄。

2. 防治方法

（1）农业防治

田间零星发生时，可在农事操作中进行人工扑杀。

（2）物理防治

在成虫盛发期，用诱虫灯或糖浆诱杀成虫。

（3）化学防治

发生较重时，可选用16 000IU/mg苏云金杆菌可湿性粉剂、20%氰戊菊酯乳油、30%氰戊菊酯·氧乐果乳油等。

（十）豆荚螟

学名*Maruca testulalis* Geyer，属鳞翅目草螟科。是大豆的主要害虫之一。寄主除大豆外，还包括豌豆、绿豆、扁豆、豇豆等豆科植物。初孵幼虫蛀入嫩荚或花蕾取食，造成蕾、荚脱落；3龄后蛀入荚内食害豆粒，每荚1头幼虫，少数2～3头，被害荚在雨后常致腐烂。幼虫亦常吐丝缀叶为害。

在我国北起吉林、内蒙古，南至台湾、广东、广西、云南均有分布，在山东发生严重。

1. 发生规律

在浙江、江苏、安徽、湖北等地年发生4～5代，辽宁、陕西等地为2代，山东、河北等地为3～4代，广东、广西等地为7代，多以老熟幼虫在寄主植物附近或晒场周围土表1～5cm处结茧越冬。翌年3月下旬越冬幼虫开始化蛹，4月上中旬陆续羽化。成虫飞翔力弱，具趋光性。白天栖息于豆株叶背、茎上或杂草上，傍晚开始寻偶、交尾、产卵活动。羽化后当日交尾，隔日开始产卵，喜欢产在豆荚多毛的品种上。产卵时分泌黏液，将卵斜插在荚毛之间，一般每荚产卵1～3粒，最多可达10多粒，每只雌蛾可产卵5～90粒，多可达200粒。卵多在白天孵化，初孵幼虫在荚面爬行1～3小时后吐丝做约1mm的白色小囊,藏身囊内,仅伸出头部钻蛀,依豆荚老嫩的不同,经40～100分钟即可蛀入荚内。

2. 防治方法

(1)农业防治

选用结荚期短、荚上无毛或少毛的抗性品种。调整播期,错开豆荚螟产卵盛期。避免豆科作物多茬口混种及连作。

(2)化学防治

防治适期为大豆初荚期,当田间蛀荚率达6%～7%时,每隔7～10天喷1次,连续防治2次。药剂可选用200g/L氯虫苯甲酰胺悬浮剂、20%氰戊菊酯乳油等。

(十一)豆灰蝶

学名*Plebejus argus* Linnaeus,属鳞翅目灰蝶科(图2-9)。寄主为大豆、豇豆、绿豆、沙打旺、苜蓿、紫云英、黄芪等。幼虫咬食叶片下表皮及叶肉,残留上表皮,个别啃食叶片正面,严重时吃光整个叶片,只剩叶柄及主脉,有时也为害茎表皮及幼嫩荚角。3龄前只取食叶肉,3龄后食量增加,暴食2天进入土中预蛹。

分布于黑龙江、吉林、辽宁、河北、山东、山西、河南、陕西、甘肃、青海、内蒙古、湖南、四川、新疆等地。

图2-9 豆灰蝶成虫(汪洋洲 拍摄)

1. 发生规律

河南一年生5代，以蛹在土壤耕作层内越冬。翌年3月下旬羽化为成虫，4月底至5月初进入羽化盛期，成虫把卵产在沙打旺等叶片或叶柄上，在田间繁殖5代，9月下旬老熟幼虫钻入土壤中化蛹越冬。成虫喜白天羽化、交配。交配10~40分钟，个别达1.5小时。成虫可多次交配，多次产卵，卵多产在叶背面，散产，有的产在叶柄或嫩茎上，每4~55秒产1卵，每雌产卵46~121粒，雌蝶寿命14.6天，雄12.4天，卵期4.5~6.3天，幼虫5龄，3龄前只取食叶肉，3龄后食量增加，最后暴食2天进入土中预蛹。幼虫有相互残杀习性，常与蚂蚁共生。幼虫老熟后爬到植株根附近，头向下进入预蛹期1~2天，蛹期7~14天。

2. 防治方法

（1）物理防治

选用抗虫品种，秋冬季深翻灭蛹。

（2）化学防治

百株幼虫高于100头时及时喷洒20%氰戊菊酯乳油或14%高效氯氟氰菊酯·氯虫苯甲酰胺微囊悬浮剂、200g/L氯虫苯甲酰胺悬浮剂等。

（十二）大豆食心虫

学名*Leguminivora glycinivorella* Matsumura，属鳞翅目小卷叶蛾科（图2-10、图2-11）。已知寄主仅为大豆一种作物，极少数可能为害野生大豆和苦参。以幼虫蛀食豆荚，幼虫蛀入前均做一白丝网罩住幼虫，一般从豆荚合缝处蛀入，将被害豆粒咬成沟道或残破状。

在中国主要分布于东北、华北、西北，以及湖北、江苏、浙江、安徽、山东等地，以东北三省、河北、山东受害较重。日本、朝鲜及俄罗斯远东沿海边区也有分布。

图2-10 大豆食心虫成虫
（汪洋洲 拍摄）

图2-11 大豆食心虫幼虫为害豆荚
（汪洋洲 拍摄）

1. 发生规律

每年发生1代，以老熟幼虫在土中结茧越冬。在山东，越冬幼虫于7月下旬至8月上旬上升至土表化蛹，8月上中旬为化蛹盛期，8月中下旬出现成虫，8月下旬为产卵高峰期。卵期5~6天。8月末至9月初为幼虫孵化盛期。一般幼虫孵化后当天就蛀入豆荚为害。幼虫在荚内为害一般21~25天，长的可达30天。大豆连作受害重，轮作发生轻，轮作比连作可减少虫食率40%以上。低洼地比平地、岗地发生重，旱年尤为明显。

2. 防治方法

（1）农业防治

实行远距离大区轮作；及时翻耙豆茬和豆后麦茬地；适期早播，适期早收。

（2）化学防治

8月上中旬，在成虫初盛期，雌雄比近1∶1并成蛾团时，施药防治。药剂可选2.5%高效氟氯氰菊酯水乳剂、25g/L溴氰菊酯乳油、45%马拉硫磷乳油、40%毒死蜱乳油、25g/L氰戊菊酯乳油等。

二、半翅目害虫种类及其防治

（一）烟粉虱

学名 *Bemisia tabaci*（Gennadius），属半翅目粉虱科，是一种复合种，具有B型、Q型等20多种生物型，是一种世界性的害虫。寄主有豆科和棉花、烟草、番茄等多种作物。以成虫、若虫刺吸植株汁液为主，导致受害叶片退绿、萎蔫或枯死，同时分泌蜜露诱发煤污病，影响植株的光合作用，使植株生长不良。还传播多种植物病毒病。

分布于南美洲、欧洲、非洲、亚洲、大洋洲的很多国家和地区。在中国分布于广东、广西、海南、福建、云南、上海、浙江、江西、湖北、四川、陕西、台湾、新疆、河北、天津、山东、北京、山西、安徽、贵州等地。

1. 发生规律

年发生10代左右，为害从盛夏延续至晚秋，然后迁移到保护地蔬菜内继续为害。几乎月月出现一次种群高峰，每代历期为15～40天。夏季卵期约为3天，冬季约为33天。若虫3龄，龄期为9～84天，伪蛹为2～8天，每只雌成虫产卵120粒左右，卵多产在植株中部的嫩叶上。成虫喜欢无风温暖的天气，有趋黄性。温度低于12℃时停止发育，14.5℃时开始产卵，一般多在21～33℃时产卵。

2. 防治方法

（1）农业防治

大豆收获后，立即清除保护地内存在若虫的残留枝叶，集中销毁，并清除田间及四周杂草。

（2）物理防治

可利用烟粉虱的趋黄性，设置黄板诱杀成虫，黄板底部与植株顶端相平或略高于植株顶端，每隔2~3m挂1块。

（3）化学防治

在烟粉虱零星发生时，可选用30%噻虫嗪悬浮剂、50%噻虫胺水分散粒剂、22.4%螺虫乙酯悬浮剂等。

（二）大豆蚜

学名 *Aphis glycines* Matsumura，属半翅目蚜科（图2-12）。寄主为大豆、野生大豆、鼠李等作物。吸食大豆嫩枝叶的汁液，使受害植株常幼叶卷缩，根系发育不良，生长停滞，结荚数减少，产量降低。此外还能传带植物病毒。

分布于东北、华北、华南、西南地区，以及内蒙古、宁夏、台湾等地。

图2-12　大豆蚜（汪洋洲 拍摄）

1. 发生规律

在我国从北到南年发生10~20多代，以卵在鼠李和圆叶鼠李枝条上芽侧或缝隙中越冬。翌年春季，鼠李鳞芽转绿到芽开绽，日平均气温高于10℃时，越冬卵孵化为干母，以后孤雌胎生繁殖后代，有翅孤雌蚜开始迁飞至大豆田，为害幼苗。6月下旬至7月中旬进入为害盛期，7月下旬出现小型的浅黄色大豆蚜，蚜量开始减少。8月下旬至9月上旬气温下降，大豆蚜进行后期繁殖阶段，有翅性母蚜迁至鼠李上，开始出现无翅卵生雌蚜，并与有翅雄蚜交配，又把卵产在鼠李上越冬。越冬卵量多，6月下旬至7月上旬的平均气温在22~25℃、相对湿度低于78%时有利其大量发生。

2. 防治方法

（1）物理防治

利用蚜虫趋黄性，在田间设置黄板诱杀蚜虫。

（2）农业防治

大豆收获后及时清理田间残株败叶，铲除杂草。大豆周围种植玉米作物屏障，可阻止蚜虫迁入。

（3）化学防治

防治蚜虫宜尽早用药，将其控制在点片发生阶段。药剂可选10%溴氰虫酰胺可分散油悬浮剂、1.5%苦参碱可溶液剂、30%噻虫嗪悬浮剂、50%噻虫胺水分散粒剂、20%哒嗪硫磷乳油、522.5g/L氯氰·毒死蜱乳油、20%氰戊菊酯乳油、50g/L S-氰戊菊酯乳油等。

（三）花生蚜

学名*Aphis craccivora* Koch，属半翅目蚜科。寄主植物有200余种，为大豆、菜豆、蚕豆、豌豆、花生、黄花苜蓿、紫云英等，为大豆产区常发害虫之一。成蚜或若蚜群集在嫩叶、嫩茎、花器及荚果和叶片背面繁殖为害,致使叶片变黄卷缩,豆荚发黄,影响开花结实,使植株生长不良。

全国各地均有分布。

1. 发生规律

发生代数因地而异,山东、河北年发生20代,广东、福建30多代。主要以无翅胎生若蚜于避风向阳处的荠菜、苜蓿、地丁等寄主上越冬,也有少量以卵在枯死寄主的残株上越冬。翌年3月平均气温达到8~10℃时开始在越冬寄主繁殖,4月下旬至5月上旬为全年的发生高峰期。5月后迁到菜豆、豇豆、花生等作物上继续繁殖为害,虫口密度大,为害严重。8月产生有翅蚜向秋豇豆和秋菜豆迁飞繁殖为害,10月下旬以后随气温下降和寄主衰老,又产生有翅蚜向紫云英、蚕豆等冬寄主作物转移并越冬。花生蚜发育的最适温度22~26℃,相对湿度为60%~70%。在这个条件下,每只雌蚜的寿命可达10天以上,平均胎生若蚜100多只。若蚜历期仅4~6天。

2. 防治方法

参照大豆蚜。

(四)大青叶蝉

学名 *Cicadella viridis* Linnacus,属半翅目大叶蝉科(图2-13)。寄主包括大豆、菜豆、白菜、马铃薯、玉米、水稻等160多种植物。成虫和若虫在叶片上刺吸汁液,使叶片退绿、畸形、卷缩,甚至整叶枯死。此外,还可传播病毒。

国外分布于俄罗斯、日本、朝鲜、马来西亚、印度、加拿大、欧洲等地。国内分布于黑龙江、吉林、辽宁、内蒙古、河北、河南、山东、江苏、浙江、安徽、江西、台湾、福建、湖北、湖南、广东、海南、贵州、四川、陕西、甘肃、宁夏、青海、新疆等地。

图2-13 大青叶蝉（王振营 拍摄）

1. 发生规律

该虫发生不整齐，世代重叠。从吉林的年发生2代至江西的年发生5代。在北方地区以卵在果树、柳树、白杨等树木枝条的表皮内越冬，而在广东等地冬季各种虫态均有，没有真正的越冬现象。北京地区越冬卵4月孵化，在杂草、蔬菜上为害。若虫期为30～50天，第一代成虫发生期为5月中下旬，第二代为6月末至7月末，第三代为8月中旬至9月中旬。成虫具较强的趋光性，夏季炎热的夜晚上灯时分虫量大。成虫、若虫均善跳。成虫喜聚集在矮生植物上，羽化后20多天交配，交配后1天即开始产卵。卵多块产于寄主植物的叶背主脉、叶柄、茎秆、枝条等组织内，以产卵器刺破表皮成月牙形伤口。每块含卵3～15粒，排列整齐。每只雌成虫可产卵30～70粒，产卵处的植物表皮成肾形突起。若虫共5龄，一般早晨孵化。此虫早晚潜伏不动，午间高温时比较活跃。

2. 防治方法

（1）物理防治

在有条件的地区设黑光灯诱杀成虫。

(2) 化学防治

在若虫盛期可选用40%毒死蜱乳油、50%氯氰菊酯·毒死蜱乳油、25g/L溴氰菊酯乳油等。

(五) 斑须蝽

学名*Dolycoris baccarum*（Linnaeus），属半翅目蝽科（图2-14）。寄主包括麦类，以及玉米、大豆、谷子、苜蓿、烟草、菜豆、蚕豆、甘蓝等多种植物。初孵若虫群集为害，2龄后扩散为害。成虫及若虫有恶臭，均喜群集于作物幼嫩部分和穗部吸食汁液，自春至秋持续为害。茎叶被害后，出现黄褐色斑点，严重时叶片卷曲，嫩茎凋萎，影响生长，减产减收。

全国各地均有分布。

图2-14 斑须蝽成虫（赵秀梅 拍摄）

1. 发生规律

每年发生1~3代，以成虫在植物根际、枯枝落叶下、树皮裂缝中或屋檐底下等隐蔽处越冬。在黄淮流域第一代发生于4月中旬至7月中旬，第二代发生于6月下旬至9月中旬，第三代发生于7月中旬一直到翌年6月上旬。后期世代重叠现象明显。以成虫、若虫刺吸植株汁液进行为害。成虫行动敏捷，能飞善爬，多把卵产在叶面或叶背及嫩茎上。卵块产，每块有10~20粒，最多达40余粒，每只雌成虫产卵量为26~112粒。17~20℃

时，卵历期为5~6天，21~26℃时为3~4天。若虫共5龄，完成1代历时40多天。成虫寿命为12~14天，最长约29天。该虫发育的最适温度为24~26℃，相对湿度为80%~85%。

2. 防治方法

（1）农业防治

在成虫产卵期人工摘除卵块，及时清除田间的枯枝落叶和杂草，并将其带出田外销毁；冬耕时消灭部分越冬成虫。

（2）化学防治

在成虫盛发期和若虫分散为害前进行喷雾防治，药剂可选20%氰戊菊酯乳油、25g/L溴氰菊酯乳油、20%高效氯氰菊酯·辛硫磷乳油等。

（六）茶翅蝽

学名 *Halyomorpha halys* Fabricius，属半翅目蝽科（图2-15）。食性较杂，可为害300多种植物。以成虫、若虫吸食叶片、豆荚和茎蔓的汁液造成为害。豆荚受害后，果实凹凸不平，受害处果肉变硬木栓化，严重时无法食用。

分布于我国的东北、华北，以及山东、河南、陕西、江苏、浙江、江西、湖北、湖南、安徽、四川、广东、云南、贵州、福建、台湾等地。

图2-15 茶翅蝽成虫（王振营 拍摄）

1. 发生规律

茶翅蝽因地区不同发生代数也不同，在南方地区一年可发生5～6代，北方一年发生1～2代。以成虫在树皮缝隙、墙缝、石缝、树洞、草堆，或室内、室外的屋檐下等处越冬，越冬成虫具有群集性，一般几个或十几个聚集在一起。在山东，一般在5月上旬开始陆续出蛰活动，飞到果园中、林木上或作物上取食果实、枝条和叶片等，此代常在果园中造成较大的损失。6月上旬后，陆续迁到豆田、林木等处产卵。卵多成块产在叶片背面，每块20～30粒，卵期10～15天，7月上旬大量发生第一代若虫，若虫孵出后，喜群集在卵块附近为害。7月中下旬为卵孵化盛期，8月上中旬是成虫羽化盛期。成虫羽化后，在发生处为害，或再迁到豆田、果园中继续为害，9月下旬后陆续潜伏越冬。

2. 防治方法

该虫寄主多，越冬场所复杂而分散，给防治带来一定困难。

（1）农业防治

在作物收获后及时清除田间枯枝落叶和杂草，并将其带出田外销毁，消灭部分越冬成虫。

（2）化学防治

在成虫、若虫为害期进行药剂喷药防治，药剂可选用25g/L溴氰菊酯乳油、25g/L高效氯氟氰菊酯等。

（七）点蜂缘蝽

学名*Riptortus pedestris*（Fabricius），属半翅目缘蝽科。寄主包括大豆、蚕豆、豇豆、绿豆、豌豆等豆科植物，及水稻、麦类、高粱、玉米、棉花等作物。成虫、若虫刺吸汁液，导致花蕾、花朵凋落，豆荚不实，严重时导致整株枯死，影响作物产量。

浙江、江苏、江西、安徽、福建、湖北、四川、河南、河北、云南、西藏等地有分布。

1. 发生规律

该虫在江西发生3代，以成虫在枯枝落叶或草丛中越冬。翌年3月下旬开始活动，4月下旬至6月上旬产卵。第一代若虫于5月上旬至6月中旬孵化，6月上旬至7月上旬发育为成虫，6月中旬至8月中旬产卵。第2代若虫于6月中旬末至8月下旬孵化，7月中旬至9月中旬发育为成虫，8月上旬至10月下旬产卵。第3代若虫于8月上旬末至11月初孵化，9月上旬至11月中旬发育为成虫，并于10月下旬以后陆续越冬。成虫和若虫极其活跃，往往群集为害，但早、晚温度低时稍微迟钝。卵多散产于叶背、嫩茎和叶柄上，有少数两粒黏在一起。每只雌成虫产卵21～49粒。

2. 防治方法

（1）农业防治

在作物收获后及时清除田间枯枝落叶和杂草，将其带出田外销毁，消灭部分越冬成虫。

（2）化学防治

在成虫、若虫为害期进行喷雾防治，药剂可选20%高效氯氰菊酯·辛硫磷乳油、25g/L高效氯氟氰菊酯乳油等。

（八）二星蝽

学名*Eysacoris guttiger*（Thunb.），属半翅目蝽科。寄主包括豆科、茄科作物及玉米、高粱、水稻、小麦、无花果等多种作物。以成虫、若虫吸食寄主茎秆、叶穗部汁液，致植株生长发育受阻，籽粒不饱满。

主要分布在浙江、江苏、福建、广东、广西、湖北、四川、陕西、山西等地。

1. 发生规律

该虫在山西年发生4代，以成虫在杂草丛中及枯枝下越冬。翌年3—4月越冬成虫开始活动，将卵产于植株叶背、穗芒或托叶上，数十粒排成1～2列，也有不规则的。8—9月，成虫多爬行在大豆荚或叶柄上，不爱飞行。成虫具趋光性和假死性。

2. 防治方法

参照"点蜂缘蝽"。

（九）绿盲蝽

学名 *Apolygus lucorμm*（Meyer-Dür.），属半翅目盲蝽科。寄主包括大豆、棉花、马铃薯、葡萄、玉米等多种作物。以成虫、若虫的刺吸式口器为害，幼芽、嫩叶、花及幼果等是其主要为害部位。

除海南、西藏外，各省区市均有发生。

1. 发生规律

北方年发生3～5代，以卵在作物枯枝内，或苜蓿、蓖麻茎秆内，或果树皮与断枝内，以及土中越冬。3月下旬至4月初越冬卵孵化，5月初始见成虫。第2～5代成虫分别在6月上旬、7月中旬、8月中旬、9月底出现。发生期不整齐，有世代重叠现象。

2. 防治方法

（1）农业防治

清除地头及田间杂草，减少早春越冬虫源寄主。

（2）化学防治

药剂可选25g/L高效氯氟氰菊酯乳油、40%毒死蜱乳油等。

（十）三点盲蝽

学名 *Adelphocoris fasciaticollis* Reuter，属半翅目盲蝽科。寄主包括棉花、芝麻、大豆、玉米、高粱、小麦、番茄、苜蓿、马铃薯等。以成虫、若虫的刺吸式口器为害，幼芽、嫩叶、花及幼果等是其主要为害部位。年发生3代。以卵在洋槐、加拿大杨树、柳、榆及杏树树皮内越冬。

北起黑龙江、内蒙古、新疆，南稍过长江，江苏、安徽、江西、湖北、四川也有发生。

1. 发生规律

年生3代。以卵在洋槐、加拿大杨树、柳、榆及杏树树皮内越冬，卵多产在疤痕处或断枝的疏软部位。卵的发育起点温度为8℃，有效积温188日度。幼虫发育起点7℃，有效积温273日度。越冬卵在5月上旬开始孵化，若虫共5龄，历时26天。5月下旬至6月上旬羽化，成虫寿命15天左右。第二代卵期10天左右，若虫期16天，7月中旬羽化，成虫寿命18天。第三代卵期11天，若虫期17天，8月下旬羽化，成虫寿命20天，后期世代重叠。

2. 防治方法

参照"绿盲蝽"。

（十一）赤须盲蝽

学名 *Trigonotylus ruficornis* Geoffroy，属半翅目盲蝽科，因触角红色，故称赤须盲蝽（图2-16）。寄主包括大豆、玉米、麦类、棉花、水稻等作物。成虫、若虫行动活跃，常群集在叶背上刺吸汁液为害。

分布于北京、河北、内蒙古、黑龙江、吉林、辽宁、山东、河南、江苏、江西、安徽、陕西、甘肃、青海、宁夏、新疆等地。

第二章 大豆的虫害和草害

图2-16 赤须盲蝽成虫（王振营 拍摄）

1. 发生规律

华北地区一年发生3代，以卵在禾草茎叶上越冬。翌年第一代若虫于5月上旬进入孵化盛期，5月中下旬羽化。第二代若虫6月中旬盛发，6月下旬羽化。第三代若虫于7月中下旬盛发，8下旬至9月上旬，雌虫在杂草茎叶组织内产卵越冬。该虫成虫产卵期较长，有世代重叠现象。

2. 防治方法

参照"绿盲蝽"。

三、鞘翅目害虫种类及其防治

（一）二条叶甲

学名 *Paraluperodes suturalis nigrobilineatus*（Motschulsky），属鞘翅目叶甲科。寄主为大豆等豆科植物及水稻、甜菜、甜瓜等作物。以成虫为害大豆子叶、生长点、嫩茎,把叶食成浅沟状圆形小洞,为害真叶成圆形孔洞,严重时幼苗被毁,有时还为害花、荚、雌蕊等,致结荚数减少。幼虫在土中为害根瘤,致根瘤成空壳或腐烂,造成植株矮化,影响产量和品质。

分布在中国各大豆产区,以及日本、朝鲜、俄罗斯等国家。

1. 发生规律

东北、华北以及安微、河南一带年发生3~4代,多以成虫在杂草及土缝中越冬,浙江越冬成虫于4月上中旬开始活动,4月下至5月下旬为害春大豆,6月为害夏大豆,7月中下旬又为害大豆花及秋大豆幼苗。成虫于9—10月入土越冬。

2. 防治方法

(1)农业防治

大豆收获后,及时清除田间杂草和枯枝落叶,并深翻土地,减少越冬虫量。

(2)化学防治

成虫发生期,喷施25g/L高效氯氟氰菊酯乳油等。防治幼虫可用90%敌百虫乳油等。

(二)双斑长跗萤叶甲

学名 *Monolepta hieroglyphica*(Motschulsky),属鞘翅目叶甲科(图2-17)。寄主很多,包括豆类、玉米、小杂粮、马铃薯、棉花等重要作物,成虫取食叶肉,残留网状叶脉或将叶片吃成孔洞,成虫还咬食谷子、高粱的花药,玉米的花丝及刚灌浆的嫩粒。幼虫为害轻,仅啃食根部。

分布于东北、华北,以及江苏、浙江、湖北、江西、福建、广东、广西、宁夏、甘肃、陕西、四川、云南、贵州、台湾等地。

图2-17　双斑长跗萤叶甲成虫为害绿豆叶片

（王振营　拍摄）

1. 发生规律

在大部分地区一年发生1代，以卵在地表下0～15cm处越冬，翌年5月中下旬越冬卵开始孵化，一般6月下旬至7月上旬始见成虫在大豆上活动为害，7月上中旬虫口数量开始上升，在大豆田间发生为害的高峰期为7月下旬至8月中旬，田间盛发期40天，以后成虫种群数量逐渐下降，8月下旬后虫口数量逐渐下降。

2. 防治方法

（1）农业防治

合理调整作物种植结构，玉米、大豆、棉花、水稻、高粱、大白菜等均为该害虫嗜好的寄主植物，可在大豆田附近种植其他作物，减少该虫的生存场所。铲除田间地边杂草（特别是稗草），破坏害虫的生活环境是重要的控制手段。深翻土壤、浅锄地边空闲地等耕作措施可有效减少虫口密度，降低越冬基数。

（2）化学防治

在成虫发生期，施用25g/L高效氯氟氰菊酯水乳剂或20%氰戊菊酯乳油等。

（3）生物防治

大豆田边种植生态带以草养害，保护利用天敌，天敌主要有瓢虫、寄生蜂、蜘蛛等。

（4）物理防治

成虫具有群集性为害习性，在豆田周围的杂草上，利用网捕法人工扑杀成虫可有效降低其虫口基数。

（三）大灰象甲

学名*Sympiezomias velatus* Chevrolat，属鞘翅目象甲科。除了为害大豆等豆类植物外，还为害烟草、棉花、玉米、花生、马铃薯、辣椒、甜菜、瓜类、麻类、洋槐、桑、加拿大杨等。以成虫取食嫩尖和叶片，轻者把叶片食成缺刻或孔洞，重者可造成缺苗断垄。

分布于东北地区、黄河流域和长江流域。

1. 发生规律

东北地区每2年发生1代，浙江每年发生1代。2年发生1代地区，第一年以幼虫越冬，翌年以成虫越冬，越冬成虫大都在60mm深的土中越冬，幼虫在40cm左右的土中越冬，均在耕作层以下。

2. 防治方法

（1）农业防治

有条件的实行水旱轮作，可有效降低越冬幼虫数量，减轻为害。成虫不能飞翔并有假死性，可于成虫发生期实行人工捕杀。

（2）化学防治

在成虫出土为害期浇灌或喷洒药剂防治。药剂可选用40%毒死蜱乳油、25g/L高效氯氟氰菊酯乳油、90%敌百虫等。

（四）蒙古灰象甲

学名 *Xylinophorus mongolicus* Faust，属鞘翅目象甲科。寄主除了大豆外，还有花生、玉米、向日葵、高粱、棉、麻、甜菜、烟草、果树幼苗及瓜类等多种作物。成虫取食刚出土幼苗的子叶、嫩芽、心叶进行群集为害，严重的可把叶片吃光，咬断茎顶造成缺苗断垄或把叶片食成半圆形或圆形缺刻。

分布于东北、华北、华东、西北等地区。

1. 发生规律

在内蒙古及东北、华北等地为两年发生1代，黄淮地区为1～1.5年发生1代，以成虫或幼虫越冬。翌年春季，气温近10℃时，开始出土。成虫白天活动，以10：00和16：00前后活动最盛，受惊扰后假死落地。成虫一般在5月开始产卵，多成块产于表土中。产卵期约40余天，每只雌成虫可产卵200粒左右，卵期为11～19天。5月下旬幼虫开始孵化，主要生活于土中，为害植物地下组织，至9月末筑土室越冬。

2. 防治方法

（1）农业防治

在该虫大发生的田块四周挖宽、深各40cm左右的封锁沟，沟内放新鲜的杂草诱集成虫，集中灭杀。

（2）化学防治

在成虫出土为害期喷雾或浇灌防治，药剂可选用40%毒死蜱乳油、45%马拉硫磷乳油、25g/L高效氯氟氰菊酯乳油、20%氰戊菊酯乳油等。

四、真螨目害虫

（一）朱砂叶螨

学名*Tetranychus cinnabarinus*（Boisduval），属真螨目叶螨科。寄主除大豆、菜豆、豇豆等豆科作物外，还为害番茄、茄子、黄瓜、葱、蒜等茄科、葫芦科和百合科作物。该害虫在田间先点片为害下部叶片，而后在同株上向上蔓延，叶片愈老受害愈严重。繁殖数量过多时，常在叶端群集成团，而后爬行或垂丝下坠借助风力扩散。

全国各地均有分布。

1. 发生规律

在北方每年发生12～15代，长江流域18～20代，华南地区20代以上，世代重叠严重。以雌成螨在草根、枯叶及土缝或树皮裂缝内吐丝结网群集越冬，最多可达上千头聚在一起。7月中旬雨季到来，叶螨发生量迅速减少，8月若天气干旱可再次大发生。干旱少雨时发生严重，暴雨对朱砂叶螨发生有明显的抑制作用。轮作田发生轻，邻作或间作瓜类和果树的田块发生严重。

2. 防治方法

（1）农业防治

合理安排轮作的作物和间作、套种的作物，避免叶螨在寄主间相互转移为害。以水旱轮作效果最好。加强田间管理，保持田园清洁，及时铲除田边杂草及枯枝老叶并烧毁，减少虫源。收获后，及时清除田间残枝、落叶和杂草，集中烧毁。有条件的地方可进行深翻、冬灌，深翻要达30cm以上，冬灌保持田间水深16mm，可杀死一半以上虫口数量。

(2)化学防治

当被害株率达20%或田间点片发生时,应及时喷洒药剂防治。药剂可选用20%氰戊菊酯乳油、200g/L氯虫苯甲酰胺悬浮剂等。

第二节　大豆田杂草种类及其防治

一、大豆田草害概述

田间杂草是导致大豆减产的重要农业有害生物。我国常年杂草发生面积14.4亿亩次,2019年大豆田杂草发生面积约6 999.82万亩次,防治面积8 276.04万亩,尽管采取了多种杂草防治措施,挽回产量损失756 573.23t,草害仍造成128 367.04t的大豆产量损失。

农田杂草在长期适应当地的作物、栽培、耕作、气候、土壤等生态环境及社会条件下生存下来,既具备野生植物的特性,又因长期与作物伴生而有栽培作物的特性。杂草种子有极旺盛的生命力和很多独特的性状,如休眠性、寿命长、成熟早、易落粒、果熟期长、分批出苗等。杂草的繁殖力惊人,往往结实数是作物的几十倍、几百倍甚至上万倍,大量杂草种子从植株上像"种子雨"一样落入土壤,加上土壤中过去遗留下来处于休眠状态的杂草种子,在土壤中形成庞大的"种子库"(seed bank),成为杂草严重泛滥的基础。农民常说的"草荒"主要是由这些杂草种子"底荒"造成的。一些杂草,尤其是多年生杂草,在它们的根、茎等营养器官被切断后,还能重新发根成活,生长成新的植株,有很强的再生力。绝大多数杂草的种子和果实都有强大的传播能力、多样的传播途径和方式(图2-18),可以借助风力、水流、动物等传播到很远的地方。很多杂草具有抗严寒耐低温、抗干旱、耐贫瘠的能力,在干旱、洪涝、霜冻等逆境条件下,大豆逐步死亡或减产,而杂草却生长旺盛。杂草有上述特性,因此能够自然延续其种群，长庄稼的地方就有杂草生长。人类自从有农耕史以来，农民年年除草，千方百计地与杂草进行不懈的斗争，从人手拔草，到锄头除草，到机械耕田，再到喷施除草剂化学除草，然而从来也没有把杂草彻底消灭。"种豆南山下，草盛豆苗稀""野火烧不尽，春风吹又生"这些诗句，虽然是诗人借以描绘社会现实和抒发思想感情的佳句，但也形象地说明了杂草生命的顽强。

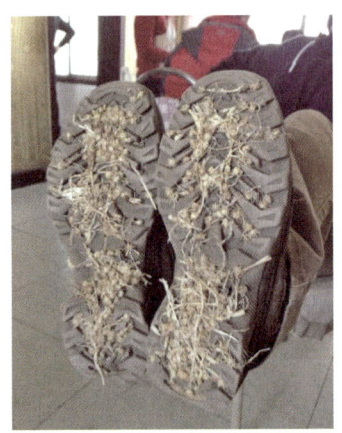

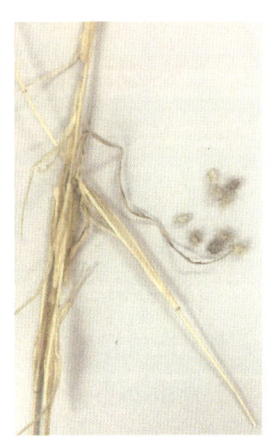

图2-18　杂草种子的传播

目前在大豆生产中，由于化学除草防治失败、气候异常没办法进田除草、农忙人手不够来不及投入除草措施等原因，导致大豆因草害减产的实例屡见不鲜（图2-19至图2-22）。有的农民选择了不合适的除草剂使用，杂草仍然生长旺盛，并且连年大量不合理用药，导致了一系列生态危机，如环境污染、水土流失、土壤结构破坏、影响后茬作物生长、经济效益降低等，同时也加重了农民的负担。

图2-19　黑龙江大豆田杂草

图2-20　河北大豆田杂草

图2-21　江苏大豆田杂草

图2-22　四川大豆田杂草

二、大豆田杂草分布

我国幅员辽阔，大豆各生态类型区气候、土壤、耕作栽培制度、复种类型存在差异，生长的杂草种类有一定差别。

根据大豆种植情况、自然生态条件和杂草种群类别与草害发生程度，把我国大豆田划分成5个草害区：东北春大豆草害区、黄淮海大豆草害区、长江流域大豆草害区、云贵川大豆草害区和华南四季大豆草害区。杂草的分区与大豆种植区划基本一致但不完全重合。

（一）东北春大豆草害区

包括东北各省，内蒙古、宁夏、新疆等自治区，以及青海东北部和河北、山西、陕西、甘肃等省北部。本区是我国大豆主产区，尤其东北地区是我国主要的大豆生产基地。该区大豆熟制为一年一熟，一般和玉米、高粱、马铃薯、小麦等轮作。大豆田主要杂草为喜冷凉、耐严寒的种类。如稗草、狗尾草、金色狗尾草、野黍、柳叶刺蓼、蔓首乌、问荆、鸭跖草、苘麻、龙葵、苍耳等，局部有萝藦、水棘针、香薷、鼬瓣花等。

（二）黄淮海夏大豆草害区

包括山东、河南、河北南部，江苏北部，安徽北部，关中平原，甘肃南部和山西南部，北临春大豆区，南以秦岭、淮河为界。该区大豆一般一年两熟，与小麦轮作，上茬小麦、下茬大豆的种植模式较多。主要杂草有马唐、牛筋草、稗草、狗尾草、反枝苋、马齿苋、藜、铁苋菜、田旋花、香附子等，局部分布有鳢肠、龙葵、喜旱莲子草、青葙、狗牙根等。

（三）长江流域大豆草害区

包括河南南部，汉中南部，江苏、安徽南部，浙江西北部，江西北部，湖南、湖北、四川大部，广西、云南北部，基本是长江流域春夏大豆亚区的范围。该区大豆多为一年两熟，与小麦或油菜等作物轮作。主要杂草有稗草、千金子、马唐、牛筋草、鳢肠、凹头苋、马齿苋、铁苋菜、喜旱莲子草等，局部双穗雀稗、黄花稔、臭矢菜、粟米草、碎米莎草为害较重。由于该区春大豆4月上旬播种，因此部分越冬杂草和早春性杂草在大豆生长早期也有为害，如看麦娘、牛繁缕、婆婆纳、小藜、酸模叶蓼等。

（四）云贵川大豆草害区

包括云南、贵州，湖南和广西的西部，四川西南部。该区属于长江流域春夏大豆区，但各地因海拔不同，气候变化较大，加上地形复杂，温度、降雨及小气候导致杂草种类复杂，与长江流域春夏大豆区有一定差别。该区大豆为一年两熟或两年三熟，与大豆轮种作物较多。主要杂草有马唐、毛臂形草、狗尾草、金色狗尾草、凹头苋、牛膝菊、刺儿菜、尼泊尔蓼、荠菜、苦蘵、风轮菜、雾水葛等。

（五）华南四季大豆草害区

包括湖南东部，江西中南部，广东、广西、海南，以及福建和云南省南部。该区高温多雨，终年温暖，适合农作物生长，基本上可一年四季种植大豆。主要杂草为稗草、马唐、狗尾草、藿香蓟、青葙、鳢肠、莲子草、喜旱莲子草、臭矢菜、香附子、碎米莎草等。其中藿香蓟、粟米草、臭矢菜是热带-南亚热带杂草，主要分布在广西、广东、福建。

三、大豆田杂草种类

我国大豆田常见杂草120种以上，其中发生普遍、为害严重的杂草30多种。本书介绍36种主要杂草的识别特征。

1. 问荆

学名 *Equisetum arvense* L.；别名笔头草、土麻黄；木贼科木贼属问荆亚属（图2-23）。多年生草本。根状茎横生地下。地上茎二型；孢子茎先萌发，常呈紫褐色，肉质，中空，无轮茎分枝；孢子囊顶生，椭圆形，钝头；孢子叶盾状，下面生6~8个孢子囊；营养茎在孢子茎枯萎后生出，绿色，分枝轮生，具6~12条纵棱，中实，表面粗糙。叶退化成鞘，鞘齿披针形，5~6枚，黑褐色，边缘灰白色，厚草质，不脱落。

北方春大豆区及长江流域的云贵高原春大豆区为害。以根状茎繁殖为主，也可进行孢子繁殖。大豆田常规除草剂防治效果差。

图2-23 问荆

2. 喜旱莲子草

学名 *Alternanthera philoxeroides*（Mart.）Griseb.；别名空心莲子草、水花生；苋科莲子草属（图2-24）。多年生草本。成株茎基部匍匐，长50~150cm，常呈粉红色，上部斜升或全株平卧，着地生根，茎中空，髓腔大，节膨大。叶对生，具短柄；叶片长圆形、长圆状倒卵形或倒卵状披针形，长3~6cm，宽1.5~2cm，先端急尖或圆钝，基部渐狭，全缘。头状花序单生于叶腋，由10至20多朵无柄的白色小花集生组成，具总花梗；苞片和小苞片干膜质，宿存；花被5片，披针形，背部两侧压扁，膜质，白色有光泽；雄蕊5枚，退化雄蕊与之相间而生，先端分裂如丝，花丝基部和退化雄蕊之基部连成短管；子房球形，花柱粗短，柱头头状。胞果扁平，边缘具翅，透镜状；种子透镜状，种皮革质，胚环形。

长江流域春夏大豆区、东南春夏秋大豆区和华南四季大豆区均有分布，为害大豆整个生长期，造成减产。大豆田常规除草剂防治效果较差。

图2-24 喜旱莲子草

3. 凹头苋

学名 *Amaranthus blitum* L.；别名野苋；苋科苋属（图2-25）。一年生草本。高10~30cm，全体无毛；茎伏卧而上升，由基部分枝，绿色或紫红色。叶片卵形或菱状卵形，长1.5~4.5cm，宽1~3cm，先端钝圆而有凹缺，基部宽楔形，全缘或稍呈波状，叶柄长1~3.5cm。花簇大部分生于叶腋，生在顶端或分枝端的花簇集成直立穗状或圆锥状花序；苞片和小苞片长圆形；花被3片，长圆形或披针形，干膜质，淡绿色，先端钝有微尖头，边缘内曲；雄蕊3枚，稍短于花被片；柱头3个或2个，果熟时脱落。胞果扁卵形，不裂，超出宿存花被片；种子扁球形，黑色至黑褐色，具环状边缘。

长江流域春夏大豆区、东南春夏秋大豆区和华南四季大豆区均有分布，为害大豆整个生长期。选择性化学除草剂容易防治。

图2-25 凹头苋

4. 反枝苋

学名 *Amaranthus retroflexus* L.；别名苋菜、千岁谷；苋科、苋属（图2-26）。一年生草本。成株高20~80cm；茎粗壮，稍具钝棱，密生短柔毛。叶椭圆状或棱状卵形，长5~12cm，宽2~5cm，顶端锐尖或尖凹，具凸尖，两面有柔毛，具长柄。花单性或杂性；穗状花序集成圆锥花序，顶生或腋生；苞片和小苞片钻形，干膜质，透明，花被片白色，具一淡绿色中脉；雄花的雄蕊长于花被片；雌花柱头3（2）个，内侧有小齿。胞果，扁球形，盖裂，包在宿存的花被内；种子直立，倒卵圆形或近球形，棕黑色。

适生于潮湿沃土。全国大豆田均有发生，主要为害北方春大豆区和黄淮海夏大豆区，竞争能力强，减产严重。选择性化学除草剂容易防治。

图2-26 反枝苋

5. 青葙

学名 *Celosia argentea* L.；别名野鸡冠花、百日红；苋科青葙属（图2-27）。一年生草本。成株高60~100cm，全株无毛；茎直立，有分枝，绿色或红色，具明显条纹。叶互生，叶片披针形或椭圆状披针形，长5~8cm，宽1~3cm，先端急尖或渐尖，基部渐狭成柄，全缘。穗状花序顶生；花多数，密生，初开时淡红色，后变白色；有苞片1片和小苞片2片，白色，披针形，先端渐尖，延长成细芒；花被5片，披针形，干膜质，透明，有光泽；雄蕊5枚，花丝下部合生成环状，花药紫红色；子房长圆形，花柱细长，紫红色，柱头2~3裂。胞果卵形或近球形，包于宿存的花被内；种子倒卵形至肾状圆形，黑色，有光泽，种脐明显，位于缺刻内。

长江流域春夏大豆区和华南四季大豆区均有分布，为害大豆整个生长期。选择性化学除草剂容易防治。

图2-27 青葙

6. 藜

学名 *Chenopodium album* L.；别名落藜、灰灰菜；藜科藜属（图2-28）。一年生草本。株高60~120cm；茎粗壮，有棱及条纹，多分枝。叶有长柄，叶片近三角形、菱状卵形至披针形，长3~6cm，宽2.5~5cm，基部宽楔形，边缘具不整齐锯齿，叶背面被粉粒。花两性，数朵花集成一团伞花簇，多数花簇排成圆锥状花序；花被5片，宽卵形，雄蕊5枚；柱头2个。胞果，完全包于花被内，或顶端稍露，果皮薄，和种子紧贴。种子横生，双凸状，黑色具光泽，表面具浅沟纹及点注；胚环形。

全国大豆田均有发生。在北方春大豆区、黄淮海夏大豆区为害严重，植株高大，竞争力强，造成减产。选择性化学除草剂比较容易防治。

图2-28 藜

7. 灰绿藜

学名Chenopodium glaucum L.；别名碱灰菜、白灰条；藜科藜属（图2-29）。一年生草本。株高10～35cm；茎自基部分枝，平卧或斜升，具条棱及绿色或紫红色的条纹。叶互生，叶片厚，长圆状卵形至披针形，长2～4cm，宽0.6～2cm，先端急尖或钝，基部渐狭，叶缘具缺刻状牙齿，上面深绿色，无粉，平滑，下面有粉而呈灰白色或有时稍带紫红色；中脉明显，黄绿色；叶柄长5～10mm。团伞花序排列成穗状或圆锥状花序，花序在分枝上有间断而通常短于叶。花两性或兼有雌性；花被3～4片，浅绿色，稍肥厚，狭矩圆形或倒卵状披针形，基部合生；雄蕊1枚或2枚，花丝不伸出花被，花药球形；柱头2个，极短。胞果顶端伸出花被外，果皮膜质，黄白色；种子横生、斜生或直立，扁圆球形，红褐色或黑色。

在北方春大豆区发生严重，为害大豆整个生长期，造成减产。选择性化学除草剂比较容易防治。

图2-29 灰绿藜

8. 藿香蓟

学名 *Ageratum conyzoides* L；别名藿香蓟；菊科藿香蓟属（图2-30）。一年生草本。茎直立，高30~60cm，有分枝，稍有香味，被粗毛。单叶对生或顶端互生，叶片卵形或近三角形，具纤细长柄，长5~13cm，宽3~6cm，顶端钝，基部渐狭或楔形，边缘有钝齿，两面被稀柔毛，具三出脉。头状花序小，排成稠密、顶生的伞房花序；总苞片2~3层，几等长，长圆形，急尖，具刺状尖头，背部被疏柔毛或无毛，边缘栉齿状或燧状。管状花花冠檐部淡紫色，顶端5裂。瘦果稍呈楔形，黑色，具5棱，顶端有5枚芒状的鳞片，鳞片边缘有小锯齿。

长江流域春夏大豆区云南、贵州、四川等地，东南春夏秋大豆区江西、福建等地和华南四季大豆区均有分布，为害大豆全生长期。选择性化学除草剂比较容易防治。

图2-30 藿香蓟

9. 刺儿菜

学名 *Cirsium setosum*（Willd.）MB；别名小蓟；菊科蓟属（图2-31）。多年生草本，根状茎长。株高20~50cm，上部分枝；茎直立，无毛或被蛛丝状毛。叶互生，无柄；椭圆形或长椭圆状披针形，全缘或有齿裂，有刺，两面被蛛丝状毛；基生叶花期枯萎，上部叶渐小，无柄。头状花序单生茎端；雌雄异株，雄株头状花序较小，总苞长约18mm；雌株较大，总苞长约23mm；总苞片多层，外层短，矩圆状披针形，顶端具刺，内层披针形，顶端长尖；花冠全为管状花，淡红色至紫红色，雌花管长为檐部的2~3倍。瘦果长卵形，稍扁平，冠毛羽状，淡褐色，先端稍肥厚而弯曲。

适应性强，分布全国各地。在北方春大豆区、黄淮海夏大豆区为害。北方春大豆区为害严重，和苣荬菜、鸭跖草（蓝花菜）俗称难治的"三菜"。一般常规选择性除草剂防治效果差。

图2-31 刺儿菜

10. 小蓬草

学名*Conyza canadensis*（L.）Cronq.；别名加拿大蓬、小飞蓬；菊科白酒草属（图2-32）。1~2年生草本。株高40~100cm；茎直立，有细条纹及脱落性疏长毛，上部多分枝。基生叶近匙形；上部叶线形或线状披针形，全缘或有齿裂，边缘有睫毛。头状花序直径4~5mm，有短梗，再密集成圆锥状或伞房状圆锥花序；花序外围花雌性，细筒状，先端有舌片，白色或紫色；花序内方为管状花，檐部4齿裂，稀少为3齿裂。瘦果长圆形，稍扁平，淡褐色，被微毛；冠毛刚毛状，污白色。

我国大豆主产区均有分布，南方地区为害较重。大豆田一般常规选择性除草剂防治效果较差。

图2-32 小蓬草

11. 鳢肠

学名 *Eclipta prostrata* L.；别名旱莲草，墨菜；菊科鳢肠属（图2-33）。一年生草本。株高15～30（60）cm；茎直立或平卧，被伏毛，着土后节上易生根，茎叶折断后有黑色汁液。叶近无柄，披针形、椭圆状披针形或条状披针形，长3～5（10）cm，先端短尖或钝，全缘或有细锯齿，被糙伏毛。头状花序，顶生或腋生，有梗；总苞5～6枚，草质，被毛，卵形，托叶披针形或刚毛状；舌状花雌性，白色，小，全缘或二裂；筒状花两性，有裂片4个。瘦果，黑色，长约3mm，筒状花的瘦果三棱状，舌状花的瘦果扁四棱形；表面具瘤状突起，无冠毛。

喜适生环境。在长江流域春夏大豆区、东南春夏秋大豆区和华南四季大豆区均有分布，为害大豆整个生长期。大豆田常规选择性除草剂防治效果较差。

图2-33 鳢肠

12. 苣荬菜

学名 *Sonchus wightianus* L.；别名曲荬菜、苦麻菜、滇苦荬菜；菊科苣荬菜属（图2-34）。多年生草本。株高30~150cm，全体含白色乳汁。根垂直生长，有根状茎。茎直立，有细条纹。基生叶多数，簇生，有柄，基部抱茎；叶片长圆状披针形或款卵状披针形，长6~20cm，宽1.5~3cm，边缘有稀疏缺刻或羽状浅裂，两面无毛，幼时常带红色，中脉白色，两面光滑无毛。头状花序在茎枝顶端排成伞房状花序；花序梗与总苞片被稠密白色绵毛；总苞钟状，总苞片3层，披针形，外层短于内层；花全为舌状花，鲜黄色。瘦果稍压扁，长椭圆形，长3.7~4mm，宽0.8~1mm，每面有5条细肋，肋间有横皱纹。冠毛白色，彼此纠缠，基部连合成环。瘦果，长椭圆形，有纵条纹，微粗糙。冠毛白色。

北方春大豆区主要杂草，近年轻简栽培种植方式下发生为害较重，大豆田常规选择性除草剂防治效果差。

图2-34 苣荬菜

13. 苍耳

学名 *Xanthium sibiricum* Patrin.；别名老苍子、苍耳子；菊科苍耳属

（图2-35）。一年生草本。株高30~100（150）cm，茎直立。叶互生，具长柄；叶片三角状卵形或心形，先端钝尖或稍钝，基部近心形或截形，叶缘有缺刻及不规则的粗锯齿，两面被贴生的糙伏毛，基三出脉。头状花序腋生或顶生，花单性，雌雄同株；雄花序球形，黄绿色，近无梗，密生柔毛，集生于花轴顶端；雌头状花序生于叶腋，椭圆形，外层总苞片小，分离，披针形；内层总苞片结合成囊状外生钩状刺，先端具2喙，内含2花，无花瓣，花柱分枝丝状。聚合果卵形或椭圆形，外具钩刺，坚硬，顶端有2喙；聚合果内有2个瘦果，倒卵形，灰黑色。

北方春大豆区和黄淮海夏大豆区为害较重，植株高大、竞争能力强，后期高于大豆冠层，减产严重，常规选择性除草剂防效较差。

图2-35 苍耳

14. 打碗花

学名 *Calystegia hederacea* Wall.；别名小旋花、扶子苗；旋花科打碗花属（图2-36）。多年生草本。茎蔓生、缠绕或匍匐，自基部分枝，有棱角，无毛。叶互生，无毛，长叶柄，基部叶全缘，近椭圆形，长1.5~4.5cm，宽2~3cm，基部心形；茎上部的叶三角状戟形，先端钝尖，基部戟形或截形。花单生叶腋，花梗具棱角；苞片2片，卵圆形，包围花萼，宿存，萼片5片，矩圆形，稍短于苞片，基部膨大，有细鳞毛。子房2

室，柱头2裂。蒴果，卵圆形，光滑。种子卵圆形，黑褐色。

打碗花在黄淮海夏大豆区、长江流域春夏大豆区为害较重（图2-37），常常在大豆苗期迅速覆盖地面，为害大豆整个生长期，造成减产，缠绕大豆植株引起倒伏，影响机械收获。常规选择性除草剂防效差。

图2-36　打碗花

图2-37　打碗花为害大豆

15. 田旋花

学名 *Convolvulus arvensis* L.；别名燕子草；旋花科旋花属（图2-38）。多年生草本。茎蔓生，缠绕或匍匐。叶互生，戟形，通常叶长达宽的3倍以上，全缘或3裂，侧裂片小，中裂片长，卵状椭圆形，狭三角形或披针形长椭圆形，微尖或近圆，有小凸尖；叶柄长1~2cm；叶柄较叶身短3倍以上。

花序腋生，有1~3朵花，花梗长3~8cm。苞片2片，线形，与萼远离；萼片5片，卵圆形，边缘膜质；花冠漏斗状，长约2cm，粉红色，顶端5浅裂；雄蕊5枚，较花短1/2，不等长，基部具鳞毛；子房2室，柱头2裂。

北方春大豆区、黄淮海夏大豆区为害较重，大豆整个生长期为害，造成减产，缠绕大豆植株引起倒伏，影响机械收获。大豆田常规选择性除草剂防效差。

图2-38　田旋花

16. 菟丝子

学名*Cuscuta chinensis* Lam.；别名龙须子，豆阎王；旋花科菟丝子属（图2-39）。一年生寄生草本。茎缠绕，黄色，无叶。花序侧生，少花或多花簇生成小伞形或小团伞花序，近于无总花序梗；苞片及小苞片鳞片状；花梗稍粗壮，长仅1mm；花萼杯状，中部以下连合，裂片三角状，长约1.5mm，顶端钝；花冠白色，壶形，裂片三角状卵形，顶端锐尖或钝，向外反折，宿存；雄蕊着生花冠裂片弯缺微下处；鳞片长圆形，边缘长流苏状；子房近球形，花柱2个，等长或不等长，柱头球形。蒴果球形，直径约3mm，几乎全为宿存的花冠所包围，成熟时整齐地周裂。

北方春大豆区、黄淮海夏大豆区、长江流域春夏大豆区均有发生，寄生于大豆吸取营养，缠绕大豆植株引起倒伏。大豆田常规选择性除草剂防效差。

图2-39　菟丝子

17. 铁苋菜

学名 *Acalypha australis* L.；别名海蚌含珠（广东），蚌壳草；大戟科铁苋菜属（图2-40）。一年生草本。株高20～50cm；茎有棱，具毛。叶互生，卵状菱形或卵状披针形，长2.5～8cm，宽1.5～3.5cm，先端尖，基部楔形，缘有钝齿，两面叶脉上具短毛；叶柄有毛；托叶披针形。花单性，雌雄同序，无花瓣，穗状花序腋生；雄花多数生于花序上部，带紫红色，苞片小，缘具睫毛；花萼4裂，裂片卵形，膜质雄蕊8枚；雌花通常3朵，生于花序基部的叶状苞内，苞片开展时呈三角状卵形或肾形，合时如蚌，边缘有锯齿，萼片3片，子房3室，被疏毛；花柱3个，分枝，红紫色，通常每苞片只1果成熟。蒴果小，钝三棱形，表面有毛，毛基部有瘤状突起。种子卵形。

广布全国各地，在黄淮海夏大豆区、长江流域春夏大豆区为害较重。大豆田常规选择性除草剂防效差。

图2-40　铁苋菜

18. 苘麻

学名 *Abutilon theophrasti* Medic.；别名野麻、青麻；锦葵科苘麻属（图2-41）。一年生草本。株高1~2m，茎直立，上部有分枝，具柔毛。叶互生，圆心形，长5~10cm，先端尖，基部心形，边缘具细圆锯齿，两面均密生星状柔毛；叶柄长3~12cm，被星状细柔毛，托叶早落。花单生于叶腋，花梗长1~3cm，被柔毛，近顶端具节；花萼杯状，密被短茸毛，裂片5片，卵形，长约6mm；花黄色，花瓣倒卵形，长约1cm；雄蕊柱平滑无毛，心皮15~20个，排列成轮状，密被软毛，顶端平截，有2长芒。蒴果半球形，直径约2cm，长约1.2cm，分果瓣15~20个，被粗毛，具喙，顶端具2长芒。种子肾形，成熟时褐色。

喜生于较湿润而肥沃的土壤。广布全国，主要为害东北春大豆区、黄淮海夏大豆区，植株高大，竞争力强。大豆田常规选择性除草剂防效差。

图2-41 苘麻

19. 野西瓜苗

学名 *Hibiscus trionum* L.；别名灯笼花、小秋葵；锦葵科木槿属（图2-42）。一年生草本。高25~70cm。叶互生，下部叶圆形，不分裂或5浅裂，上部的叶掌状3～5深裂；叶柄长2～4cm，被星状粗硬毛和星状柔毛；托叶线形，长约7mm，被星状粗硬毛。花单生于叶腋，花梗长约2.5cm，果时延长达4cm，被星状粗硬毛；小苞片12片，线形，被粗长硬毛，基部合生；花萼钟形，淡绿色，裂片5片；花淡黄色，内面基部紫色，直径2～3cm，花瓣5片，倒卵形；雄蕊柱长约5mm，花丝纤细，花药黄色；花柱5个。蒴果长圆状球形，被粗硬毛，果瓣5个，黑色；种子肾形，具细颗粒状尖头瘤突起。

适生于较湿润而肥沃的农田。广布全国，主要为害东北春大豆区、黄淮海夏大豆区。大豆田常规选择性除草剂防效较差。

图2-42　野西瓜苗

20. 葎草

学名*Humulus scandens*（Lour.）Merr.；别名拉拉秧，锯锯藤；桑科大麻亚科葎草属（图2-43）。一年生缠绕草本。茎蔓生，枝、叶柄均具倒钩刺。叶对生，纸质，掌状5～7深裂，基部心脏形，表面粗糙，疏生糙伏毛，叶缘具粗锯齿，裂片卵状三角形，边缘具锯齿；叶柄长5～20cm。花单生，雌雄异株。雄花小，圆锥花序黄绿色；雌花序球果状，苞片纸质，三角形，具白色茸毛；子房为苞片包围，柱头2个，伸出苞片外。瘦果，成熟时露出苞片外。

适生湿润农田。东北春大豆区、黄淮海夏大豆区发生，局部稀播田块为害严重，造成减产，缠绕大豆影响机械收获。选择性化学除草剂有一定效果。

图2-43 萹草

21. 蔓首乌

学名 *Fallopia convolvulus*（L.）A. Love；别名卷茎蓼、荞麦蔓；蓼科何首乌属（图2-44）。一年生草本。茎缠绕，细弱，有不明显的条棱，粗糙或疏生柔毛。叶互生；叶片卵形，先端渐尖，基部宽心形，无毛或沿脉和边缘疏生短毛；下面沿叶脉具小突起，边缘全缘，具小突起；叶柄长1.5～5cm，沿棱具小突起；托叶鞘膜质，长3～4mm，偏斜，无缘毛。总状花序顶生或腋生。花稀疏排列，下部间断，有时成花簇。苞片长卵形，顶端尖，每苞具2～4花；花梗细弱，比苞片长，中上部具关节；花被5深裂，裂片长椭圆形，淡绿色，边缘白色，外面3片背部具龙骨状突起或狭翅，被小突起，果时稍增大；雄蕊8枚，比花被短；花柱3个，极短，柱头头状。瘦果椭圆形，具3棱，黑色，包于宿存花被内。

北方春大豆区优势杂草，为害大豆整个生长期，造成减产，缠绕作物，引起倒伏，阻碍收割。大豆田选择性化学除草剂有一定效果。

图2-44 蔓首乌

22. 酸模叶蓼

学名*Polygonum lapathifolium* L.；别名大马蓼、旱苗蓼；蓼科蓼属（图2-45）。一年生草本。株高30～120cm；茎直立，有分枝，粉红色，节部略膨大。叶互生，具柄，柄上有短刺毛；叶披针形或宽披针形，上面常有黑褐色新月形斑块；叶面绿色，全缘，叶缘及主脉有粗硬毛；托叶鞘筒状，膜质，脉纹明显，先端截形，褐色，无毛。数个花穗构成圆锥花序，顶生或腋生。苞片膜质，具稀疏短睫毛；花淡红或绿白至白色，花被4深裂，裂片椭圆形；雄蕊6枚；花柱2个，向外弯曲。瘦果圆卵形，扁平，两面微凹，长2～3mm，宽约1.4mm，红褐色至黑褐色，有光泽，包于宿存花被内。

在南北方大豆区均有分布，东北春大豆区为害较重，造成减产。大豆田选择性化学除草剂有一定效果。

图2-45　酸模叶蓼

23. 柳叶刺蓼

学名*Polygonum bungeanum* Turcz.；别名柳叶刺蓼；蓼科蓼属（图2-46）。一年生草本。株高30～90cm。茎直立或上升，被稀疏的倒生短皮刺。叶披针形或狭椭圆形，顶端通常急尖，基部楔形，上面沿叶脉具短硬伏毛，下面被短硬伏毛，边缘具短缘毛；叶柄密生短硬伏毛；托叶鞘筒状，膜质，顶端截形，边缘具睫毛。总状花序呈穗状，顶生或腋生，长

5~9cm，通常分枝，下部间断。苞片漏斗状，包围花序轴，绿色或淡红色，每苞内具3~4花，花排列稀疏；花被5深裂，白色或淡红色，裂片椭圆形；雄蕊7~8枚，比花被短；花柱2个，中下部合生，柱头头状。瘦果近圆形，双凸镜状，黑色，包于宿存的花被内。

在北方春大豆区、黄淮海夏大豆区均有分布，东北春大豆区为害较重，造成减产。大豆田选择性化学除草剂有一定效果。

图2-46　柳叶刺蓼

24. 马齿苋

学名 *Portulaca oleracea* L.；别名马齿草、马苋菜；马齿苋科马齿苋属（图2-47）。一年生草本。全株光滑无毛。茎匍匐，多分枝，肉质，无毛，茎带紫色。单叶互生或近对生，叶倒卵形，长10~25mm，宽5~15mm，先端钝圆、截形或微凹。花3~5（8）朵生于枝顶端，无梗；苞片4~5片，膜质，萼片2片，花瓣（4~）5片，黄色，卵状长圆形，雄蕊8~12枚，基部合生，花药黄色；子房半下位，1室，柱头4~6裂。蒴果，卵形至长圆形，盖裂。种子多数，细小，黑色。

黄淮海夏大豆区和长江流域春夏大豆区主要杂草，大豆苗期为害严重，防控不及时造成减产。大豆田选择性化学除草剂有较好效果。

图2-47 马齿苋

25. 苦蘵

学名 *Physalis angulata* L.；别名灯笼泡、灯笼草；茄科酸浆属（图2-48）。一年生草本。被疏短柔毛或近无毛，高常30~50mm；茎多分枝，分枝纤细。叶柄长1~5cm，叶片卵形至卵状椭圆形，顶端渐尖或急尖，基部阔楔形或楔形，全缘或有不等大的牙齿，两面近无毛。花梗长5~12mm，纤细和花萼一样生短柔毛，长4~5mm，5中裂，裂片披针形，生缘毛；花冠淡黄色，喉部常有紫色斑纹，长4~6mm，直径6~8mm；花药蓝紫色或有时黄色，长约1.5mm。果萼卵球状，直径1.5~2.5cm，薄纸质，浆果直径约1.2cm。种子圆盘状。

分布于长江流域春夏大豆区、东南春夏秋大豆区和华南四季大豆区，为害大豆整个生长期，造成减产。大豆田选择性化学除草剂有一定效果。

图2-48 苦蘵

26. 龙葵

学名 *Solanum nigrum* L.；别名野茄子；茄科茄属（图2-49）。一年生草本。株高30~60（160）cm。茎上部多分枝。叶互生，卵圆形，长2.5~10cm，宽1.5~5.5cm，全缘或有不规则波状粗齿。花簇生呈短蝎尾状花序，腋外生，有4~10朵花；花柄下垂，花萼杯状，5裂，裂片卵状三角形；花冠白色，辐状，裂片亦呈卵状三角形；雄蕊5枚，着生于花冠管口，花丝分离，花药黄色，长约1.2mm，约为花丝长度的4倍，顶孔向内；子房卵形，2室，生花柱中部以下，有白色茸毛，柱头圆形。浆果，球形，熟时黑色。种子扁卵圆形。

在北方春大豆区发生严重，造成减产。大豆田选择性化学除草剂有一定效果。

图2-49　龙葵

27. 鸭跖草

学名 *Commelina communis* Linn.；别名蓝花菜、碧蝉花；鸭跖草科鸭跖草属（图2-50）。一年生草本。茎匍匐生根，多分枝。叶披针形至卵状披针形，几无柄，基部有膜质短叶鞘。总苞片佛焰苞状，有1.5~4cm的柄，与叶对生，折叠状，展开后为心形，顶端短急尖，长约2cm，边缘常有硬毛。数朵花集成聚伞花序；萼片3枚，膜质；内面2枚常靠近或合生；花瓣深蓝色，分离，具爪，侧生两片较大，长近1cm。雄蕊6枚，3枚能育，3枚退化。蒴果椭圆形，2室，2片裂，每室种子2粒；种子棕黄色，有不规则窝孔。

喜生湿润环境。在全国大部分大豆种植区有分布，北方春大豆区为害严重。一般常规选择性除草剂效果差。

图2-50　鸭跖草

28. 香附子

学名 *Cyperus rotundus* L.；别名三棱草、香头草；莎草科莎草属（图2-51）。多年生草本，有匍匐根状茎和椭圆形块茎。高15～95cm。秆直立，散生，锐三棱形，平滑。叶较多，短于秆，宽2～5mm；鞘棕色，常裂成纤维状。叶状苞片2～3（5）枚，长于花序；长侧枝聚伞花序，单出或复出，有3～6（10）个辐射枝；小穗条形，排列在辐射枝所延长的花序轴上，小穗轴有白色透明的翅，鳞片紧密，2裂，膜质，卵形或矩圆状卵形，中间绿色，具5～7脉，雄蕊3枚，花药暗血红色，药隔突出于花药顶端；柱头3个。小坚果，矩圆状倒卵形，有三棱，长约为鳞片的1/3。

适生于湿润环境。除了东北地区发生较少以外，其他大豆种植区均有不同程度为害。一般选择性除草剂防效差。

图2-51 香附子

29. 稗

学名 *Echinochloa crusgalli*（L.）Beauv.；别名稗子；禾本科稗属（图2-52）。一年生杂草。秆高50~150cm。叶鞘疏松裹秆，无毛，无叶舌；叶片条形，长10~35cm，宽5~20mm。圆锥花序直立，主轴具角棱，分枝有时再分小枝，小穗密集于穗轴一侧，有硬疣毛。第一颖三角形，长为小穗的1/3~1/2，具5脉；第二颖先端渐尖，具5脉，脉上有刺状疣毛，脉间被短硬毛；第一外稃具5~7脉，有长0.5~3cm的芒；第二外稃顶端有小尖头并粗糙，边缘卷包内稃。颖果椭圆形，白色或棕色，平滑光亮，先端具小尖头且粗糙。颖果椭圆形、骨质、有光泽。

喜生于沼泽环境。在北方春大豆区、黄淮海夏大豆区、长江流域春夏大豆区、东南春夏秋大豆区和华南四季大豆区均有分布，为害大豆整个生长期，造成减产。大豆田采用禾本科选择性除草剂可有效防除。

图2-52 稗

30. 马唐

学名 *Digitaria sanguinalis*（L.）Scop.；别名热草、爬蔓草；禾本科马唐属（图2-53）。一年生杂草。高30~60cm。秆基部卧地面，多分枝，具匍匐茎，节着土后生根。叶舌膜质，先端钝圆；叶鞘口或下部疏生疣基柔毛；叶片条状披针形，长4~12cm；宽5~10mm。总状花序3~8（10）枚，呈指状排列于茎顶；小穗背腹呈压扁状，披针形，成对着生于穗轴一侧，一个有柄，一个几乎无柄，第一颖小，无脉，第二颖长为小穗的1/2~3/4，有3脉，边缘具纤毛。第一外颖与小穗等长，有5（7）脉，脉间距离较均等，有贴生柔毛，边缘有长睫毛。颖果，灰白色，几乎与第一外稃等长，顶端尖，背部隆起，边缘膜质，包卷内稃。

适应性强。在北方春大豆区、黄淮海夏大豆区、长江流域春夏大豆区、东南春夏秋大豆区和华南四季大豆区均有分布，为害大豆整个生长期，造成减产。大豆田采用禾本科选择性除草剂可有效防除。

图2-53　马唐

31. 牛筋草

学名 *Eleusine indica*（L.）Gaertn.；别名栓牛草；禾本科䅟属（图2-54）。一年生杂草，须状根极发达。秆丛生，呈压扁状，高15~90cm。叶鞘两侧压扁而具脊，叶舌长约1mm，叶片条形，长可达15cm，宽3~5（7）mm。

穗状花序2~7枚生于秆顶，呈指状排列，有时其中1或2枚生于花序的下方。穗轴顶端生有小穗；小穗密集于宽扁穗轴的一侧，成两行排列，含3~6小花。颖披针形，具脊，脊粗糙；第一颖具一脉，膜质，具脊，脊上有狭翼，第二颖与外稃都具有3脉。颖果卵形，有明显的波状皱纹。适应性广。黄淮海夏大豆区、长江流域春夏大豆区、东南春夏秋大豆区和华南四季大豆区常见杂草，造成减产。大豆田采用禾本科选择性除草剂可有效防除。

图2-54　牛筋草

32. 大画眉草

学名 *Eragrostis cilianensis*（All.）Link；别名星星草、蚊子草；禾本科画眉草属（图2-55）。一年生草本。高30~90cm，秆丛生，直立或基部膝曲上升。叶鞘疏松裹茎，长于或短于节间，扁压，鞘口有长柔毛；叶舌为一圈成束的短毛。叶片线形扁平，伸展，无毛。圆锐花序长圆形或尖塔形，分枝粗壮，单生，上举，腋间具柔毛；小穗长圆形或卵状长圆形，墨绿色带淡绿色或黄褐色，扁压并弯曲，有10~40朵小花，小穗除单生外，常密集簇生；颖近等长，长约2mm，颖具1脉或第二颖具3脉，脊上均有腺体；外稃呈广卵形，先端钝，第一外稃长约2.5mm，宽约1mm，侧脉明显，主脉有腺体，暗绿色而有光泽；内稃宿存，稍短于外稃，脊上具短纤毛。雄蕊3枚。颖果近圆形。

适应性广，为黄淮海夏大豆区、长江流域春夏大豆区常见杂草。大豆田采用禾本科选择性除草剂可有效防除。

图2-55 大画眉草

33. 金色狗尾草

学名 *Setaria glauca*（L.）Beauv.；别名金狗尾；禾本科狗尾草属（图2-56）。一年生草本。秆高30~90cm，光滑无毛。叶鞘下部扁压具脊，上部圆形，光滑无毛叶舌具一圈长约1mm的纤毛；叶片条状披针形。圆锥花序紧密呈圆柱状或狭圆锥状；刚毛金黄色或稍带褐色，粗糙，长4~8mm，先端尖，通常在一簇中仅具一个发育的小穗，第一颖宽卵形或卵形，长为小穗的1/3~1/2，先端尖，具3脉；第二颖宽卵形，长为小穗的1/2~2/3，先端稍钝，具5~7脉，第一小花雄性或中性，第一外稃与小穗等长或微短，具5脉，其内稃膜质，等长且等宽于第二小花，具2脉，通常含3枚雄蕊或无。颖果先端尖，成熟时，背部极隆起，具明显的横皱纹。

耐旱、耐寒、耐瘠薄。为北方春大豆区优势杂草，为害大豆整个生长期。大豆田采用禾本科选择性除草剂可有效防除。

图2-56　金色狗尾草

34. 狗尾草

学名 *Setaria viridis*（L.）Beauv.；别名谷莠子、狗尾巴草；禾本科狗尾草属（图2-57）。一年生草本。秆高30～100cm。叶片条状披针形，叶舌毛状。圆锥花序紧密呈柱状；小穗椭圆形，3至数枚成簇生于缩短的分枝上，基部有刚毛状小枝1～6条，成熟后小穗脱落，刚毛宿存；第一颖长为小穗的1/3，第二颖与小穗等长或稍短；第一外稃和小穗等长，具5～7脉，内稃窄狭。颖果长圆形，顶端钝，具细点状皱纹，成熟时少有肿胀。

耐旱、耐寒、耐瘠薄。为北方春大豆区、黄淮海夏大豆区优势杂草，北方春大豆区为害严重，为害大豆整个生长期。大豆田采用禾本科选择性除草剂可有效防除。

图2-57　狗尾草

35. 芦苇

学名 *Phragmites australis* Trin.；别名苇子；禾本科芦苇属（图2-58）。多年生草本。秆高1~3m。具粗壮根状茎。叶舌有毛，叶片长15~45cm，宽1~3.5（5）cm。圆锥花序顶生，疏散，分枝斜上或微伸展。小穗长12~16mm，通常含4~7朵小花，第一小花常为雄性，颖及外稃均具3脉；外稃无毛，孕性花外稃的基盘具长6~12mm的柔毛。颖果，长圆形。

耐干旱、耐盐碱，沿海新垦盐碱地区及新垦农田常见，生活力及繁殖力强，在西北地区大豆田为害。常规选择性除草剂防治难度大。

图2-58 芦苇

36. 双穗雀稗

学名 *Paspalum paspaloides*（Michx.）Scribn.；别名红绊根草、过江龙；禾本科雀稗属（图2-59）。多年生草本。高20~60cm；成株具根茎，秆匍匐地面，节上生根；叶鞘短于节间，松弛，压扁，背部具脊，仅边缘或上部被纤毛；叶舌薄膜质；叶片平展，线形，较薄而柔软，长3~15cm，宽2~7mm；总状花序，通常2个生于总轴顶端，广展，稀有于其下再生1个而共为3个的；穗轴边缘稍呈波状而微粗糙；小穗成两行排列于穗轴一侧，椭圆形，先端急尖；第一颖缺或微小；第二颖与第一小花外稃等长，两者均具3脉，而前者常被微毛；第一外稃具3～5脉，通常无毛，顶端尖；第二外稃草质，等长于小穗，黄绿色，顶端尖，被毛。颖果浅褐色，长椭圆形。

性喜水湿环境。长江流域大豆区、东南春夏秋大豆区和华南四季大豆区均有分布，为害大豆整个生长期，造成减产。常规选择性除草剂防治难度大。

图2-59 双穗雀稗

四、大豆田杂草的防治方法

大豆田杂草防治应遵循预防为主、综合防治的原则。因地制宜利用物理、机械、生态和化学措施对杂草进行科学防治。

（一）植物检疫

种子和繁殖器官是杂草传播、蔓延和发生的主要原因。随着国际间及地区间经贸交流增加，外来草种进入我国频率提高，地区间传播速度加快。最近几年，口岸植物检疫部门频繁检出我国进口的大豆种子中夹带入侵性杂草。2013年，山东临沂检验检疫局从美国进口的转基因大豆中截获检疫性杂草宾州苍耳（*Xanthium pensylvanicum*）、北美苍耳（*Xanthium* chinese）、豚草（*Ambrosia artemisiifolia*）、三裂叶豚草（*Ambrosia trifida*）、美丽猪屎豆（*Crotalaria spectabilis*）、锯齿大戟（*Euphorbia dentata*）、刺蒺藜（*Cenchrus echinatus*）等7种检疫性杂草。2014年江苏镇江检验检疫局在阿根廷进口的大豆中检出入侵性杂草黄顶菊（*Flaveria bidentis*）。2017年天津检验检疫局对巴西进口的大豆进行检疫查验时，发现宾州苍耳、豚草、三裂叶豚草、南美苍耳（*Xanthium cavanillesii*）等15种检疫性杂草。2019年芜湖海关在进口大豆中截获苍耳属检疫性杂草。2020年，中国农业科学院植物保护研究所调查发现，外来杂草长芒苋已经入侵我国河北的大豆田（图2-60）。

图2-60　长芒苋入侵我国大豆田

国内外都有因检疫不严格使恶性杂草传入为害的教训。地区间种子调运、联合收割机、种子包装物等是检疫性杂草传播的媒介。因此，必须严格杂草检疫制度，加强种子管理，密切注意可能导致杂草扩散的各个环节，防止外国、外地的检疫性及为害严重的恶性杂草因人为因素进入大豆生产区。同时应灭除当地的检疫性杂草，杜绝杂草种子向外地传播。

（二）物理措施

最常用的物理措施是人工、畜力和机械除草。人工、畜力除草无论是手工拔除还是用锄头、犁、耙等工具除草,都费时、费力,劳动强度大、除草效率低(图2-61)。目前极少数不发达地区,仍采用人工、畜力除草,在发达或较发达地区,化学除草是主要方式,而人工、畜力除草只被作为一种补救措施应用。

图2-61　播种前牲畜耕田

(三)农作措施

连年种植同一种作物,往往导致该作物的伴生杂草迅速增加。因地制宜实行多种形式的轮作倒茬是防治杂草行之有效的措施。

很早以前,人们就注意到某些杂草总是伴随着某种作物的生长而出现,如稗和光头稗常见于稻田,反枝苋、鸭跖草、铁苋菜等在大豆田发生较多,不会在稻田发生,这种伴生性与杂草的拟态性有关。不同作物的形态学、生理学特性不同、生境不同,要求的栽培、耕作措施不同、施用的除草剂不同,伴生的杂草不一样。大豆和其他作物合理轮种和间作套种就可通过栽培、耕作措施的变化来降低作物伴生杂草的发生。如西南春夏大豆种植区采用"小麦/玉米/大豆"条带模式,华南地区的大豆与甘蔗、木薯、幼龄茶(果)树间套作模式,江汉平原地区的"大豆/棉花"间作套种模式等比大豆连作在一定程度上减少伴生杂草的发生。

肥料合理的使用方式,在某些情况下也可作为一项控草措施。很多杂草种子经动物消化道后仍保持发芽能力,将未完全腐熟的农家肥,堆积在

50~70℃的持续高温下处理2~3周可杀死杂草种子，利用充分腐熟的有机肥可有效降低麦田杂草数量。

合理密植是控草的农作措施之一。适当增加大豆种植密度，或缩小行距，利用农艺措施培育壮苗，提高大豆个体和群体的竞争能力，使其能够充分利用光、热、水、气和土壤空间，尽快封行，减少或削弱杂草对生存资源的竞争和利用，从而达到控制或抑制杂草生长的目的。

（四）生态措施

秸秆覆盖又称秸秆还田，有较好的杂草控制效果。秸秆还田可减少并推迟杂草发生时期和发生密度，抑制杂草光合作用，产生抑制某些杂草萌发或生长的物质，从而减轻杂草为害。同时，秸秆还田也能增加土壤有机质和多种养分，改善土壤结构；秸秆保温、保湿，促进作物生长，增加抗冻能力，减少水土流失。地膜覆盖具有保墒、保温效果，对控制杂草也是一项较好的措施。我国西北、东北等大豆种植区，采用地膜覆盖、秸秆覆盖种植大豆，有较好的控制杂草、增加产量的效果。

（五）化学措施

化学除草是现代农业的标志之一。应用除草剂杀除田间杂草，具有高效、快速、便捷、低成本的优点。杂草化学防治应根据大豆田杂草种群组成、发生特点和大豆品种及类型，科学选择除草剂种类，在有利于药效发挥的环境条件下适时、合理施药，优选施药机械，最大化地发挥除草剂在杂草与作物之间的选择性，确保除草高效、作物安全和环境友好。

我国登记在大豆田的除草剂有效成分30多个，登记产品1 280多个。主要有两种使用方式：一种是大豆播种后杂草出苗前土壤封闭，常用作封闭除草的药剂为乙草胺、异丙甲草胺、异噁草松、嗪草酮等；第二种方式是在大豆苗后做茎叶喷雾，用作茎叶处理的药剂主要有精喹禾灵、高效氟吡甲禾灵、烯草酮、灭草松、三氟羧草醚、氟磺胺草醚、乙羧氟草醚等。

但上述产品对杂草的防治谱较窄,不能完全满足大豆田复杂草相防治的需求,在田间需要2~3种以上的除草剂混用才能达到理想防治效果。

案例　大豆田化学除草史话

东晋文学家陶渊明,辞官归田,春种秋收,耕耘出一个理想世界——桃花源,不仅写出了"采菊东篱下,悠然见南山"脍炙人口的诗句,而且幽默风趣地勾勒出作者回归田园后,披星戴月种豆锄草,仍然"草盛豆苗稀"的窘境。

种豆南山下,草盛豆苗稀。

晨兴理荒秽,带月荷锄归。

道狭草木长,夕露沾我衣。

衣沾不足惜,但使愿无违。

杂草与大豆竞争土壤水分、肥料和光照,侵占地上部与地下部的空间,传播病虫害,释放有毒物质,影响作物的水分、养分吸收,降低大豆光合作用,干扰大豆的正常生长。最直接的为害是造成大豆减产。杂草常规密度时不除草,大豆减产15%~50%,草害严重时不除草,大豆几乎颗粒无收。据黑龙江省农业科学院植物保护研究所在哈尔滨市民主乡试验,放任杂草在大豆田自然生长,全生育期不防除,大豆减产70.42%~91.51%(表2-1)。

表2-1　黑龙江省不同杂草群落造成的春大豆产量损失

处理	杂草鲜质量/(g/m²)	大豆产量/(kg/hm²)	产量损失/%
禾本科杂草	1 954.6	436.7	78.20
阔叶杂草	2 294.0	592.5	70.42
禾本科和阔叶杂草混合生长	1 956.4	170.0	91.51
无杂草	—	2 002.9	

数据来源:王宇、黄春艳、黄元炬等,2014。

人类有农耕史以来，不断与杂草做斗争，"除草"是农民的一项繁重作业，也成了文人们永恒的话题。古代科技落后，只能靠手薅、镰割、镐锄，人们顶着炎炎烈日，挥汗如雨，当午锄禾，杂草才不至于"春风吹又生"。第一次工业革命，开创了以机器代替手工劳动的时代，畜力和简单器械除草在一定程度上减轻了体力劳动。19世纪中期，在第二次工业革命的推动下，由拖拉机牵引的犁铧、圆盘耙、中耕除草机等的应用，大大提高了除草效率。但机械除草只能部分除掉行间杂草，对株间杂草仍需辅以手拔（图2-62）；另外，机械除草容易造成作物伤株断苗，尤其是对大豆这样的密植作物和中后期已经封行时除草而言，机械除草更有局限性。

图2-62　大豆田人工除草

19世纪末期，法国Bonnet在防治葡萄霜霉病时，偶然发现硫酸铜对麦田十字花科杂草有一定除草效果，并用于小麦地除草。1932年发现二硝酚、地乐酚有除草活性，可用于非耕地除草。1941年美国Pokorny首次发表2,4-滴（2,4-D）合成法，1942年美国Zimmerman发现2,4-滴有激素类化学物质的作用及除草活性，可用于防治阔叶杂草；随后科学家们发现了相同作用机理的2甲4氯和2,4,5-T等。2,4-滴的发现和应用，开创了选择性有机化学药剂除草的新纪元，具有里程碑意义。至今，激素类药剂除草仍然经久不衰，在化学除草领域占据重要位置。20世纪70年代末，美国DuPont公司发现磺酰脲类乙酰乳酸合成酶（acetolactate synthase，ALS）抑制剂氯磺隆，后成功研发出系列除草剂，使除草剂使用量由大吨位发展到超高效阶段，即每亩1g有效成分就可杀除杂草；其毒性也由过去的中、低毒降低到微毒水平（大鼠急性经口致死中量大于5 000mg/kg体重）。到目前为止，全球常用除草剂含26类作用靶标、30多种化学结构类型的近300个品种。除草剂的使用，改变了靠人工、畜力和机械除草的作业习惯，以其快速、高效、低成本成为现代农业的标志之一。纵观除草剂的研发历史，每一类除草剂新产品的问世，都带来杂草防控领域乃至农业生产的重大变革。

20世纪80年代以前，我国大豆田除草以人工和机械为主，除草效率低。尤其是一些国营农场，常常因土地面积大、除草不及时而形成草荒，影响大豆产量。1978年，我国引进氟乐灵、甲草胺等除草剂，并在黑龙江省国营农场大豆田大面积示范推广，取得了很好的灭草效果，增产和效益显著。但90年代以前，大豆田除草剂以进口为主，国产除草剂市场份额较小。此后，随着化学工业的发展和我国创制能力的增强，我国除草剂产能增加，大豆田除草剂基本实现了国产化。90年代初超高效除草剂的推广应用，进一步减轻了环境、生态和生物的压力，标志着除草剂进入了高效、低风险阶段。近年来，我国除草剂研发、推广、销售能力大大增强，自主研发的除草剂品种不断涌现，例如多个乙酰辅酶A羧化酶（acetyl-CoA carboxylase，ACCase）抑制剂类、原卟啉原氧化酶（protoporphyrinogen oxidase，PPO）抑制剂类除草剂已经在大豆田广泛应用，基本取代了对大豆安全性较差或环境不友好的除草剂。目前，我国农田除草登记常用的除草剂有180多个有效成分，除草剂占农药销售额的40%左右；2018年公布的全球农化20强企业中，有8家是中国企业或隶属于中国企业。目前我国大豆田登记的除草剂品种有30多种，登记的产品1 280多个（含混剂），包括12类作用靶标的18个化学结构亚组，产品基本能满足生产需要。

从使用方式上，除草剂可分为土壤处理和茎叶处理，前者在大豆播种之前或播种后杂草出苗前喷施，后者是在大豆和杂草出苗后喷雾（图2-63、图2-64）。土壤处理适合于通过杂草幼根和幼芽吸收的药剂，如乙草胺、异丙甲草胺、二甲戊灵等，也适合于兼有土壤处理和茎叶处理活性的部分药剂，如噻吩磺隆、嗪草酮、异噁草松、咪唑乙烟酸等，茎叶处理剂适合于仅有茎叶处理活性的药剂如灭草松、三氟羧草醚、精喹禾灵等药剂，也适合于兼有土壤处理和茎叶处理活性的药剂。在我国登记的大豆田除草剂中，防治禾本科杂草的除草剂效果理想，生产中并不缺乏，而在大豆和阔叶杂草之间有很好选择性的苗后除草剂则比较少。因此，迫切希望杀草谱广、防效理想、对大豆安全、成本低廉的除草剂问世。

图2-63　杂草出苗前和出苗后喷施除草剂

图2-64　大型喷雾机械在大豆田喷施除草剂

第二章 大豆的虫害和草害

我国地域辽阔，不同生态区域大豆种植模式不同，如平作、垄作、与玉米等作物间作、与小麦等作物套种、免耕种植、覆膜种植、秸秆覆盖种植等。各区域杂草的种群组成及优势杂草也有较大差异。尽管登记的除草剂品种较多，但难以满足大豆稳产需求，主要原因有以下几方面。

第一，大豆田常规除草剂的杂草防治效果不能满足生产需求。我国大豆田常用土壤处理剂乙草胺、异丙甲草胺、氯嘧磺隆等对施药时的土壤条件要求比较严格，如在北方春大豆种植区地区，春旱、多风、缺少灌溉条件、整地质量差，上述土壤处理剂很难起到理想的效果。豆田草相复杂，尤其是北方地区杂草出苗期分散。如黑龙江省红兴隆垦区调查发现，北部大豆田从4月至8月都有杂草发生。4月上中旬，多年生和越年生杂草如问荆、大蓟、蒿属萌芽出土；4月下旬至5月上旬，一年生杂草如藜、卷茎蓼、柳叶刺蓼、猪毛菜、酸模叶蓼、萹蓄和多年生杂草如苣荬菜等大量发生；5月中至6月中旬，晚春性杂草如稗、狗尾草、鸭跖草、马齿苋、反枝苋、苍耳、龙葵、菟丝子和多年生杂草刺儿菜、芦苇等出苗；6月下旬至7月上旬，喜温杂草如马唐、香薷、绿苋、铁苋菜、狼把草出土，由于土层翻动，土壤深层的野燕麦、苍耳和鸭跖草等也有出苗；7月下旬以后杂草出苗减少。防除如此复杂的杂草种群，用目前大豆田登记的除草剂一次性使用很难达到理想效果。

第二，杂草群落演替导致难治杂草和耐药性杂草增加。刺儿菜、苣荬菜、芦苇、鸭跖草等多年生杂草及无性器官繁殖的杂草为害加重，对PPO类抑制剂有抗性的反枝苋杂草种群密度加大。在春大豆主产区黑龙江省，鸭跖草分布广泛，每平方米几十株至上千株、刺儿菜、苣荬菜每平方米几株至上百株，黄淮海大豆田大碗花、铁苋菜、苘麻等难治杂草增加，部分地块减产严重。大豆田目前使用的除草剂高效氟吡甲禾灵及乳氟禾草灵等杀草谱主要为一年生禾本科杂草和部分阔叶杂草，对铁苋菜、苍耳、苘麻等一年生阔叶杂草、多年生杂草及无性器官繁殖的杂草防效甚微。

第三，大豆田除草剂药害影响增产增收。除草剂药害是作物对除草剂的一种敏感性反应。除草剂品种在大豆和杂草之间的选择性指数低和除草剂长残留影响后茬作物生长是药害产生的主要原因。大豆田使用的咪唑乙烟酸和氯嘧磺隆分别属咪唑啉酮类和磺酰脲类长残留除草剂，因其使用量低、除草效果好，2005年在东北地区使用量占大豆种植面积的80%以上。咪唑乙烟酸在每亩施药量5~6g时，翌年轮作的小麦、高粱、水稻、油菜、甜菜、白菜、马铃薯、西瓜、辣椒、茄子、大葱等近30种敏感作物不能正常生长，影响了作物轮作倒茬和种植业结构的调整。常用土壤处理除草剂乙草胺在土壤湿度较大、低温、超量应用，对大豆产生药害，影响产量。

第四，保护性耕作及黑土区保护需要配套除草剂品种。近年来，作物少耕、免耕栽培作为一项新的栽培技术以其简便实用、保护环境和促进农业可持续发展等优势得到广泛推广。国内外大量研究数据表明，和传统耕作相比，农田少耕、免耕取消了铧式犁翻耕处理杂草的手段，不利于切断杂草的地下繁殖器官，因此，免耕农田多年生杂草发生程度加重；另外，在一年多熟制农田，上茬收获后不翻动土层直接播种下茬作物，不利于除去上茬遗留的杂草，而在下茬喷施除草剂期间这些杂草往往叶龄较大，常规选择性除草剂防效很低。黄淮海夏大豆种植区，在上茬小麦收获后粗放耕种，麦田出土的杂草部分保留到大豆田，由于叶龄较大，一般常规除草剂难以奏效。因此生产上迫切需要杀草谱广、药效理想、作物安全、成本低廉、适应多种种植制度的除草剂。

以耐除草剂草甘膦为标志的转基因大豆推广，无疑为解决上述生产问题提供了新的解决途径。草甘膦属内吸传导型广谱性除草剂，几乎能有效防除所有一年生与多年生的禾本科、双子叶杂草及灌木等，且对人类、生态和环境友好，在土壤中无残留、不影响后茬作物（图2-65）。耐草甘膦大豆的研发成功，使非选择性除草剂草甘膦能够作为选择型除草剂应用于大豆田，不但有理想除草效果、稳产增收、成本低廉，对除草剂药害治理及环境保护也起到了积极作用。发达国家将耐草甘膦大豆纳入杂草防治体系，给农民一个种植耐除草剂作物的选择，成为大豆田化学除草的里程碑。

图2-65 草甘膦除草与常规除草剂除草效果比较

第三章 转基因大豆的研发

基因是遗传物质的载体。生物有机体内含有的遗传物质，是生物及其特性可以一代一代延续下去的基本单位。包括人类在内的所有生物体内都有成千上万的基因。每一种生物的特性之所以能够代代传递，就是靠基因来控制的。俗话说"种瓜得瓜，种豆得豆"就是这个道理。

自然界中，一种生物体内基因的组成和含量通常保持稳定，但也不是一成不变。如果基因本身或基因的组合方式发生了变化，这些由基因控制的生物特性也会相应发生变化。中国有"一龙生九子，九子各不同"的说法，表明由亲代向子代遗传物质的传递也是既有遗传也有变异的过程。如酿酒葡萄品种"小红玫瑰"葡萄是源自"小白玫瑰"品种的突变；红色果皮的番茄由于控制果皮颜色基因的改变而变成黄色果皮的番茄。自然界中生物体基因突变是时常发生的，但这种突变能够存活并传给后代的概率比较低，大部分突变对我们人类来讲也是无用的。随着人类文明与科学技术的进步，植物育种也由简单自然选择到有目的人工选择（如提纯复壮技术、杂交育种技术、诱变育种技术、转基因育种技术等），从而创造出一个多彩多姿的植物世界，也使植物的性状向着符合人们期盼的要求改良，达到高产、优质、好吃、好看等要求。大豆新品种培育也是如此。

第一节　大豆转基因技术

通过常规杂交育种技术获得高产、优质、抗虫、耐除草剂的大豆新品难度较大，而采用生物技术手段在基因层面进行操作，则更容易获得定向需求的目标性状。转基因大豆是利用生物技术手段，将某种具有特定性状的基因通过基因枪等方法插入受体大豆的原始基因序列中，并且使这种重新组合的基因和新的性状在大豆中能够有效地表达和遗传，从而达到人们期望的目的。按照转入的目标性状不同，目前转基因大豆主要有4类，包括耐除草剂、抗虫、品质改良以及复合性状，其中耐除草剂性状广为人们利用，约占转基因大豆的90%。耐受的除草剂种类主要为草甘膦，其次为草铵膦、咪唑啉酮类、2,4-滴、麦草畏、异噁唑草酮和硝磺草酮。在全球转基因作物中，转基因大豆商业化最早，种植面积最大。

常用的转基因方法有农杆菌介导法、基因枪介导法、花粉管通道法等。花粉管通道法是比较早期建立的方法。植物开花以后，落在柱头上的花粉粒被柱头分泌的黏液粘住，之后花粉粒的内壁在萌发孔处向外突出并继续伸长，形成花粉管。花粉粒萌发后，花粉管经花柱进入子房，开始后续的受精过程。植物授粉后向子房注射含目的基因的DNA溶液，利用植物在开花、受精过程中形成的花粉管通道，将外源DNA导入受精卵细胞，并进一步地被整合到受体细胞的基因组中，随着受精卵的发育而成为转基因的新个体。我国目前推广面积最大的转基因抗虫棉早期就是用花粉管通道法培育出来的。该方法优点是不依赖组织培养诱导形成愈伤组织的再组培形成再生植株的烦琐过程，不需要装备精良的分子生物学实验室，但效率比较低。农杆菌介导法是利用土壤农杆菌转入外源基因的方法。农杆菌是普遍存在于土壤中的一种革兰氏阴性细菌，它能在自然条件下趋化性地感染大多数双子叶植物和裸子植物的受伤部位，并诱导产生冠瘿瘤或发状根。农杆菌和发根农杆菌细胞中分别含有Ti质粒和Ri质粒，这种质粒能够轻易地进入植物细胞内。因质粒上有一段T-DNA，农杆菌可将T-DNA插入到植物基因组中。土壤农杆菌侵染植物伤口进入细胞后，Ti质粒上的DNA片段进入到植物细胞，并能随着植物染色体的复制而进行复制，从而使Ti质粒上的基因传到植物下一代。人们将目的基因插入到经过改造的质粒T-DNA区，借助农杆菌的感染实现外源基因向植物细胞的转移与整合，然后通过细胞和组织培养技术，再生出转基因植株。农杆菌介导转化可以说是一种天然的植物遗传转化体系。它起初只用于转化双子叶植物，近年来，该方法在一些单子叶植物（尤其是水稻）中也得到了广泛应用。基因枪介导转化法是利用高速度的金属颗粒、高压气体加速、低压气体加速设备即基因枪对植物细胞进行轰击，将包裹了带目的基因DNA溶液的高速微弹直接送入完整的植物或动物组织和细胞中，通过细胞和组织培养技术，再生出新植株，并筛选出其中的转基因阳性植株即转基因植株。它是继农杆菌介导转化法之后又一应用广泛的遗传转化技术。这种方法操作简单、效率高、适应性强，一次可以向数以千计的细胞导入基因，不受细胞、组织或器官的类型限制。

将一段外源DNA片段插入受体植物细胞基因组中的某一个特定位点，这在构建转基因生物时被称作一个转化"事件"（event），这个细胞繁衍而来的所有细胞和整株植物在它们基因组的同一位点都携带有相同的DNA序列，它们也被称作同一个转化"事件"。从已报道的转基因大豆转化事件来看，有的转化体是采用农杆菌介导转化法，另一些转化体是采用基因枪法获得。而直接用这些转基因技术培育的转基因大豆称为独立转化事件。外源基因一旦成功导入大豆，就可利用常规杂交育种和标记辅助选择技术实现导入基因在不同大豆材料间的转移，培育出适合不同生态环境的大豆品种,这些后续通过杂交或其他育种方法培育的材料则称为非独立转化事件。如果转基因只涉及一个性状,如抗某一种或某一类除草剂,称为单一性状的转化事件,如果涉及两个或以上的性状,如抗两种或两类及以上的除草剂,或者耐除草剂的同时又抗虫,则称为叠加或复合性状的转化事件。随着研究的深入,目前已研发出的转基因大豆包括了耐除草剂、抗虫、品质改良以及抗虫/耐除草剂等复合性状材料,而其中的耐除草剂大豆转化事件占88.1%。根据国际农业生物技术应用服务组织(International Service for the Acquisition of Agri-biotech Application,ISAAA)统计的数据,截至2021年5月,在大豆42个转化事件中,耐除草剂单一性状的转化事件10个;耐除草剂/抗虫、耐除草剂/品质改良或耐两个以上除草剂复合性状的转化事件27个;其他单一性状(抗虫、耐旱、品质改良等)转化事件5个。

自1996年首例转基因大豆商业化种植以来,转基因大豆的种植面积一直保持持续增长态势。2018年全球转基因作物种植面积1.917亿hm^2,约是1996年的113倍,已有70个国家种植或进口转基因作物;全球转基因大豆的种植面积达到9 590万hm^2,占全球转基因作物种植面积的50%,占大豆总种植面积的78%。

发达国家在转基因大豆研发和种植方面起步较早。美国是最早商业化转基因大豆的国家,1994年开始试种转基因大豆GTS40-3-2,1996年大面积商业化种植转基因耐除草剂大豆,此后,转基因大豆种植面积持续增加。据USDA统计,2019年美国转基因大豆种植面积达3 047万hm^2,占其大豆种植面积的94%(图3-1)。加拿大、阿根廷、墨西哥、乌拉圭、巴西也分别在1995年、1996年、1996年、1996年、1998年实现了转基因大豆商业化种植。目前,哥斯达黎加、南非、巴拉圭、日本、玻利维亚、智利等国家的农民也开始种植转基因大豆。

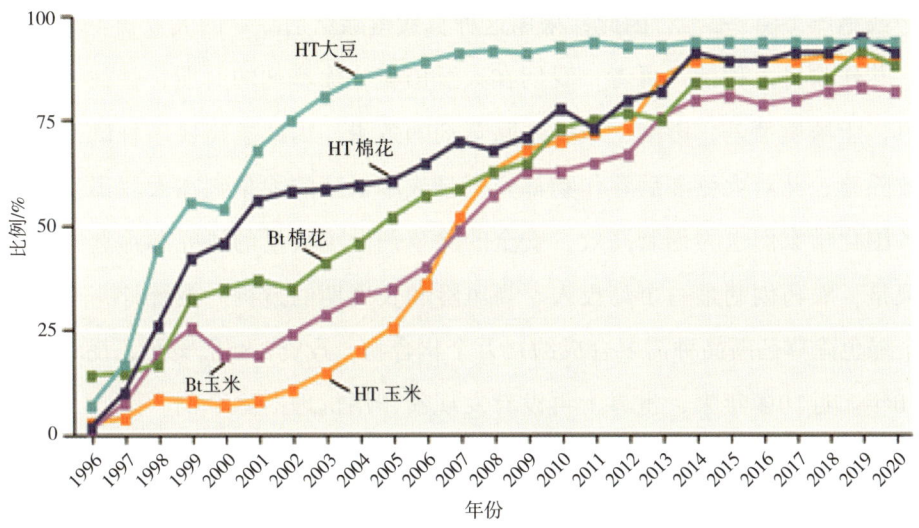

图3-1　1996—2020年美国转基因作物种植面积所占比例

（资料来源：USDA）

第二节　转基因耐除草剂大豆

一、概述

作物的化学除草是采用除草剂选择性地杀死杂草而不伤害作物的除草技术，具有快速、高效、低成本的优点。化学除草是现代农业的重要组成部分，离开了它，世界粮食产量将减产一半以上。在前面的章节中提到，大豆田杂草有百种以上，而除草剂的防治谱是有限的，大部分除草剂不能对田间所有杂草有效杀除。另外，我们使用的传统除草剂，稍微提高剂量就会对目标作物产生药害，有的除草剂在土壤中残留时间较长，会导致后茬播种的作物出现药害，如大豆田常用的除草剂咪唑乙烟酸、氟磺胺草醚等使用后，下茬播种的玉米、高粱、谷子、瓜类等不能很好生长，形成减产或绝产（图3-2），因此，采用这种长残留除草剂除草的大豆田不能实现后茬作物自由种植。再者，我们在大豆田喷施除草剂的时期，往往干旱多风，土壤墒情差，影响土壤处理除草剂的效果。因此急需要一种既能够有效除草，又对大豆和后茬作物都安全且成本低廉的除草剂在大豆田使用。各国化学家们也为创制高效、安全的除草剂做了大量的研究和筛选工作。但是，农药创制是一个高投入、高风险和长周期的过程。据统计，创制一个绿色除草剂新品种需要合成约16万个化合物，投资2.86亿美元，耗时超过10年。近10多年来，世界上再没有发现新作用机理的除草剂。因此，新除草剂的发现和筛选难度比较大。

图3-2 常规除草剂不合理使用导致大豆及后茬作物受害

基于除草剂创制的瓶颈，发达国家把作物田草害解决方案转向耐除草剂作物研发，希望利用防治谱宽泛的优良除草剂实现作物田杂草的有效治理。生物技术的发展为创制耐除草剂植物的新材料提供了强有力的手段，那么，用什么样的除草剂来作为目标除草剂呢？科学家们首先想到了草甘膦。草甘膦是磷酸类除草剂，化学结构见图3-3。草甘膦杀草机制是抑制植物体内5-烯醇丙酮酰莽草酸-3-磷酸合成酶（5-enolpyruvylshikimate 3-phosphate synthetase，EPSPS），从而抑制莽草酸向苯丙氨酸、酪氨酸及色氨酸的转化，使蛋白质的合成受到干扰导致植物死亡。

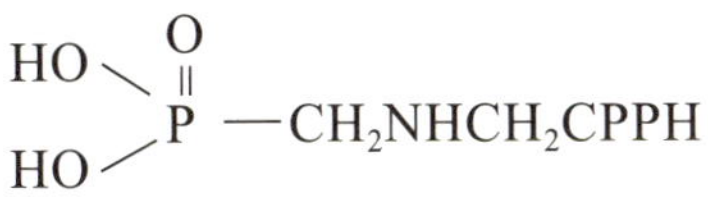

$$HO\diagdown\underset{HO\diagup}{\overset{O}{\overset{\|}{P}}}-CH_2NHCH_2CPPH$$

图3-3 草甘膦结构式

草甘膦起作用的过程比较复杂：它的作用靶标是5-烯醇丙酮酰莽草酸-3-磷酸合成酶，EPSPS是植物和部分真菌及细菌体内催化芳香族氨基酸生物合成的关键酶，在植物体内主要存在于叶绿体中，催化3-磷酸莽草酸（shikimate-3-phosphate，S3P）与磷酸烯醇式丙酮酸（phosphoenolpyruvate，PEP）合成5-烯醇丙酮酰莽草酸-3-磷酸（5-enolpyruvylshikimate 3-phosphate，EPSP）。在正常生长情况下，植物体内莽草酸经过磷酸化形成S3P，S3P与PEP结合经过去磷酸化形成EPSP，EPSP合成后，脱磷酸化形成芳香族氨基酸的前体分支酸，最终合成植物所需的芳香族氨基酸。草甘膦喷施到植物体后被植物茎叶吸收传导到生长点部位，由于自身活性基团与PEP活性位点的高相似性，能够与PEP竞争性结合EPSPS，并与S3P进一步结合形成稳定的EPSPS-S3P-草甘膦三元络合物，从而阻断PEP与S3P在EPSPS催化反应下生成EPSP，导致上游S3P和莽草酸的迅速积累，阻碍3种芳香族氨基酸合成；另外，草甘膦能竞争性抑制EPSPS的作用，导致叶绿体类囊体薄膜上的蛋白质合成受阻，使叶绿体结构受损，从而致使其功能失调。草甘膦的这两方面作用最终导致植物死亡。草甘膦为内吸传导型除草剂，因此对多年生深根杂草的地下根、茎也有杀伤作用，它几乎能够杀死大豆田所有的禾本科杂草、阔叶杂草、莎草科杂草及小灌木等。草甘膦不但除草效果好，而且毒性低，大鼠急性经口半数致死量（median lethal dose，LD_{50}）为5 600mg/kg，对鱼、蜜蜂、鸟等环境生物也表现低毒。同时，草甘膦接触土壤后即与土壤中的铁、铝等金属离子结合而失去活性，因此，使用草甘膦除草的大豆田，可实现后茬所有植物的自由种植。草甘膦还是一个成本低廉的除草剂。

科学家们通过大量研究，终于发现了耐受草甘膦的基因。1983年，当时的孟山都（Monsanto）公司及华盛顿大学科学家们联合从土壤农杆菌分离到高耐草甘膦的CP4菌株（该菌株的EPSPS对草甘膦不敏感）。1986年，他们采用农杆菌介导转化法将 epsps 基因插入植物基因组获得耐草甘膦植物，随后，该公司将从土壤农杆菌CP4菌株（*Agrobacterium tumefaciens strain*，aroA CP4）分离得到的 *cp4-epsps* 基因导入受体大豆A5403中，培育出耐草甘膦的第一代转基因大豆GTS40-3-2（Roundup Ready® GTS40-3-2），1996年，经美国食品药品监督管理局（Food and Drug Administration，FDA）批准后在美国、加拿大、墨西哥等国商业化种植。GTS40-3-2是最早、应用最广泛的转基因大豆转化体，通过与其他亲本杂交等育种手段，目前已经培育出性状优良、高产和广适性的不同大豆品种。

目前全球商业化种植的转基因大豆主要是耐除草剂大豆。2018年全球转基因大豆的种植面积9 590万hm^2，其中抗虫、耐除草剂复合性状的转基因大豆种植面积2 000多万公顷，其余为单一耐除草剂的大豆。耐受的除草剂（及耐受基因）主要为草甘膦（*cp4-epsps*、*2mepsps*、*gat4601*、*goxv247* 等）、草铵膦（*pat*、*bar*）、磺酰脲类（*csr1-2*、*gm-hra*）、2,4-滴（*aad-12*）、麦草畏（*dmo*）、硝磺草酮（*avhppd-03*）、异噁唑草酮（*hppdPF W336*）等。

二、耐草甘膦大豆转化事件

如前所述，草甘膦是一种非选择性内吸性除草剂，该药剂不能区分作物和杂草，对杂草和常规作物都有杀除作用，但耐草甘膦大豆使用草甘膦后则生长良好（图3-4）。

第三章　转基因大豆的研发

喷施草甘膦前　　　　　　　　　　　喷施草甘膦后

图3-4　耐草甘膦大豆喷施草甘膦前后对比

耐草甘膦转基因作物的抗性基因有以下几类。第一类是5-烯醇丙酮酰莽草酸-3-磷酸合成酶基因（*epsps*），这类基因是从土壤农杆菌CP4、球形节杆菌（*Arthrobacter globiformis*）、玉米（*Zea mays*）等生物克隆的，这些*epsps*基因能够降低作物对草甘膦的亲和力，使作物对草甘膦具有更高的耐受性，其中应用最为广泛的是来自农杆菌CP4菌株的*cp4-epsps*基因。第二类是草甘膦降解酶基因，主要有来自地衣芽孢杆菌（*Bacillus licheniformis*）的草甘膦N-乙酰转移酶（glyphosate N-acetyltransferase）基因（*gat4601*和*gat4621*），该酶能够将羧基基团从CoA转移到草甘膦的N端，使草甘膦失活。第三类是来自苍白杆菌（*Ochrobactrum anthropi* strain LBAA）的草甘膦氧化酶（glyphosate oxidase）基因（*goxv247*），这个基因可以表达降解

/ 111

草甘膦的蛋白酶，使草甘膦的C—N键断裂，将草甘膦降解为氨甲基膦酸[（aminomethyl）phosphonic acid，AMPA]和乙醛酸从而失去活性。因此，耐草甘膦的植物基因工程主要采用以下3种策略：除草剂靶蛋白编码基因发生点突变而对草甘膦不敏感（图3-5）、促使植物过量产生EPSPS、将草甘膦快速转变成无毒或代谢为中低毒产物，其中第一种策略抗性最强。孟山都公司1995年从生长在添加草甘膦的培养基上的 *E. coli* 中分离出一个对草甘膦具有强耐性的EPSPS突变体，此突变体的一个氨基酸序列发生了改变，而对草甘膦的耐性提高了8 000倍。含有aroA *epsps* 基因的 *E. coli* 细胞也对于草甘膦具有抗性。这些细胞产生了约17倍的EPSPS，对草甘膦的抗性提高了8倍。把该基因的多拷贝整合到质粒上，然后把重组质粒导入原寄主菌后发现，这些菌产生了100倍的EPSPS，并且酶的米氏常数（K_m）和其他性质没有改变。

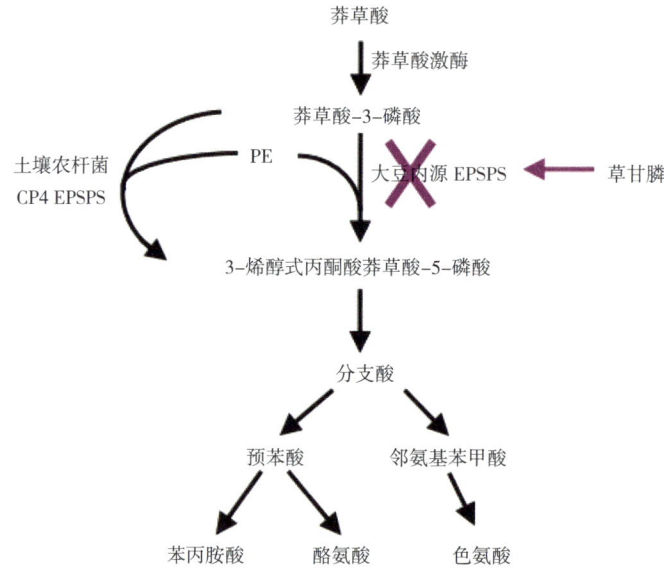

图3-5　草甘膦作用原理及耐草甘膦的途径

耐草甘膦大豆主要是转 *cp4-epsps*、*gat4601* 和 *2mepsps* 这3个基因。单一抗性的独立转化事件中的GTS40-3-2和MON89788均是由孟山都培育的，这两种转基因耐草甘膦大豆所转的抗性基因来自农杆菌CP4菌株的*cp4-epsps*基因（表3-1）。GTS40-3-2目前已获得29个国家（地区）种植和用于食品和加工原料批准，是获得批准许可最多的转基因大豆转化体。中国也在2002年批准了GTS40-3-2进口用作加工原料的安全证书。MON89788的商品名Genuity® Roundup Ready 2 Yield™，为第二代耐除草剂草甘膦转基因大豆，与GTS40-3-2相比，该转化体具有更高产的性状，2007年在美国批准商业化种植，目前已经获得26个国家（地区）种植及用于食品和或加工原料批准。

表3-1　单一性状的转基因耐草甘膦大豆独立转化事件

事件	开发机构	目标性状及基因	基因来源
GTS40-3-2	孟山都公司	耐草甘膦/*cp4-epsps*	农杆菌CP4菌株
MON89788			

目前全球研发的耐除草剂大豆转化体有42个，其中20多个已经商业化。在这42个转化体中，除了上面提到的单一性状外，还有7个复合（stacked）其他性状的耐草甘膦转基因独立转化事件；另有草甘膦叠加其他除草剂抗性转化事件，如耐磺酰脲类除草剂和草甘膦的DP356043；耐草甘膦和麦草畏的MON87708；耐2,4-滴、耐草甘膦和草铵膦的DAS44406-6，以及耐草甘膦和异噁唑草酮的FG72等（表3-2）。

表3-2　复合/叠加性状的转基因耐草甘膦大豆独立转化事件

事件	开发机构	目标性状/基因	基因来源
DAS44406-6	陶氏益农公司	耐2,4-滴/*aad-12* 耐草甘膦/*2mepsps* 耐草铵膦/*pat*	代尔夫特食酸菌 玉米 绿色产色链霉菌
DP356043	杜邦公司	耐磺酰脲类/*gm-hra* 耐草甘膦/*gat4601*	大豆 地衣芽孢杆菌
MON87708	孟山都公司	耐草甘膦/*cp4-epsps* 耐麦草畏/*dmo*	农杆菌CP4菌株 嗜麦芽窄食单胞菌DI-6

(续表)

事件	开发机构	目标性状/基因	基因来源
FG72	巴斯夫公司	耐草甘膦/*2mepsp* 抗异噁唑草酮/*hppdPF W336*	玉米 荧光假单胞菌A32
MON87705	孟山都公司	改良油/脂肪酸/*fatb1-A*，*fad2-1A* 耐草甘膦/*cp4-epsps*	大豆 农杆菌CP4菌株
MON87769	孟山都公司	改良油/脂肪酸/*Pj.D6D* 改良油/脂肪酸/*Nc.Fad3* 耐草甘膦/*cp4-epsps*	报春花 粗糙链孢霉 农杆菌CP4菌株
MON87712	孟山都公司	耐草甘膦/*cp4-epsps* 促进植物生长/*bbx32*	农杆菌CP4菌株 拟南芥

草甘膦叠加不同其他除草剂基因主要作用一是提高除草速度，二是扩大防治谱，三是延缓杂草抗药性发展。如DAS44406-6是叠加3种除草剂抗性的转基因大豆，其中包含了耐受草甘膦的*2mepsps*基因、耐2,4-滴的*aad-12*基因和耐草铵膦的*pat*基因，这种叠加效果，使大豆耐受草甘膦、草铵膦和2,4-滴3种除草剂，虽然除草剂草甘膦单一使用即可达到理想除草效果，但如果希望杀草速度快和防除田间抗草甘膦杂草如长芒苋、反枝苋、糙果苋时，就可以使用草甘膦加上其他防治双子叶杂草的除草剂一起喷施。类似的转化体还有MON87708，叠加耐草甘膦的*cp4-epsps*基因和耐麦草畏的*dmo*基因。DP356043叠加耐草甘膦和磺酰脲类除草剂的转基因大豆，其中的耐草甘膦*gat4601*基因来自地衣芽孢杆菌草甘膦N-乙酰转移酶基因，耐磺酰脲类除草剂除草剂基因*gm-hra*来自大豆改良的乙酰乳酸合酶基因。转化体FG72叠加了包含耐草甘膦*2mepsp*和抗异噁唑草酮*hppdPF W336*基因。

除以上独立转化事件外，目前全球还有15个非独立复合性状转化事件均具有草甘膦抗性（表3-3）。这些非独立转化事件是通过独立转化事件人工杂交选育而成的，其中包括叠加其他除草剂抗性的事件、复合油脂改良的事件、复合抗虫的事件，以及复合抗旱性的事件。

第三章 转基因大豆的研发

表3-3 复合/叠加性状的非独立转基因耐草甘膦大豆转化事件

事件	开发机构	目标性状/基因	基因来源
MON87708 × MON89788	孟山都公司	耐草甘膦/cp4-epsps 耐麦草畏/dmo	农杆菌CP4菌株 嗜麦芽窄食单胞菌DI-6
DAS68416-4 × MON89788	陶氏益农公司	耐2,4-滴/aad-12 耐草甘膦/cp4-epsps 耐草铵膦/pat	代尔夫特食酸菌 农杆菌CP4菌株 绿色产色链霉菌
FG72 × A5547-127	拜耳公司	耐草甘膦/2mepsps 耐异噁唑草酮/hppdPF W336 耐草铵膦/pat	玉米 荧光假单胞菌A32 绿色产色链霉菌
MON87708 × MON89788 × A5547-127	孟山都公司	耐草铵膦/pat 耐草甘膦/cp4-epsps 耐麦草畏/dmo	绿色产色链霉菌 农杆菌CP4菌株 嗜麦芽窄食单胞菌DI-6
MON87705 × MON87708 × MON89788	孟山都公司	改良油/脂肪酸/fatb1-A、fad2-1A 耐草甘膦/cp4-epsps 耐麦草畏/dmo	大豆 农杆菌CP4菌株 嗜麦芽窄食单胞菌DI-6
DP305423 × GTS40-3-2	杜邦公司	耐磺酰脲类/gm-hra 改良油/脂肪酸/gm-fad2-1 耐草甘膦/cp4-epsps	大豆 大豆 农杆菌CP4菌株
DP305423 × MON87708	杜邦公司	改良油/脂肪酸/gm-fad2-1 耐麦草畏/dmo	大豆 嗜麦芽窄食单胞菌DI-6
DP305423 × MON87708 × MON89788	杜邦公司	改良油/脂肪酸/gm-fad2-1 耐麦草畏/dmo 耐草甘膦/cp4-epsps	大豆 嗜麦芽窄食单胞菌DI-6 农杆菌CP4菌株
DP305423 × MON89788	杜邦公司	改良油/脂肪酸/gm-fad2-1 耐草甘膦/cp4-epsps	大豆 农杆菌CP4菌株
MON87769 × MON89788	孟山都公司	改良油/脂肪酸/Pj.D6D 改良油/脂肪酸/Nc.Fad3 耐草甘膦/cp4-epsps	报春花 粗糙链孢霉 农杆菌CP4菌株
MON87705 × MON89788	孟山都公司	改良油/脂肪酸/fatb1-A、fad2-1A 耐草甘膦/cp4-epsps	大豆 农杆菌CP4菌株
DAS81419 × DAS44406	陶氏益农公司	耐2,4-滴/aad-12 耐草甘膦/2mepsps 耐草铵膦/pat 抗鳞翅目昆虫/cry1Ac、cry1F	代尔夫特食酸菌 玉米 绿色产色链霉菌 苏云金芽孢杆菌

（续表）

事件	开发机构	目标性状/基因	基因来源
MON87701× MON89788	孟山都公司	抗鳞翅目昆虫/*cry1Ac* 耐草甘膦/*cp4-epsps*	苏云金芽孢杆菌 农杆菌CP4菌株
MON87751× MON87701× MON87708× MON89788	孟山都公司	抗鳞翅目昆虫/*cry1A.105*、 *cry2Ab2*、*cry1Ac* 耐麦草畏/*dmo* 耐草甘膦/*cp4-epsps*	苏云金芽孢杆菌 嗜麦芽窄食单胞菌DI-6 农杆菌CP4菌株
HB4× GTS40-3-2	罗萨里奥农业生物技术研究院公司	抗旱性/*Hahb-4* 耐草甘膦/*cp4-epsps*	向日葵 农杆菌CP4菌株

三、耐草铵膦大豆转化事件

草铵膦是由德国艾格福公司（Agrevo）开发的活性高、吸收好、杀草谱广、低毒、环境兼容性好的有机磷类广谱除草剂。草铵膦的作用靶标是植物的谷氨酰胺合成酶（glutamine synthetase，GS），通过抑制此酶，导致植物氮代谢紊乱和氨的过量积累，造成植物中毒和叶绿体破坏，最终死亡。草铵膦与草甘膦都是非选择性除草剂，防治谱宽泛，不同的是它的内吸传导性较差，对多年生杂草地下部分不能有效杀除，但通常其作用速度较草甘膦快。

耐草铵膦基因有2种，分别是来源于吸水链霉菌（*Streptomyces hygroscopicus*）的*bar*基因和来源于绿色产色链霉菌（*Streptomyces viridochromogenes*）的*pat*基因。用于大豆的抗性转化体只有后一种。

单一耐草铵膦转化事件有6个，见表3-4。其中A2704-12、A2704-21、A5547-35于1996年在美国获批商业化种植；A5547-127、W62、W98于1998年在美国获批商业化种植。

表3-4 单一耐草铵膦独立转基因大豆转化事件

事件	开发机构	目标性状及基因	基因来源
A2704-12	巴斯夫公司	耐草铵膦/*pat*	绿色产色链霉菌
A2704-21			
A5547-127			
A5547-35	拜耳公司	耐草铵膦/*pat*	绿色产色链霉菌
W62			
W98			

除以上6个单一耐草铵膦的转化事件外，还有叠加或复合性状的独立转化事件，包括叠加耐草铵膦和2,4-滴的转基因大豆DAS68416-4；叠加耐草铵膦、草甘膦和2,4-滴的DAS44406-6；叠加耐草铵膦和硝磺草酮的SYHT0H2，复合耐草铵膦和抗鳞翅目害虫性状的DAS81419，复合耐草铵膦和抗生素的GU262等。此外还有非独立转化事件均含有草铵膦抗性基因，如叠加其他除草剂抗性的转化事件和复合抗虫转化事件。

四、耐咪唑啉酮类除草剂转化事件

咪唑啉酮类除草剂是一类重要的、对环境良好的广谱型除草剂，具有内吸传导作用，通过植物茎叶和根吸收后在木质部与韧皮部传导，积累于分生组织。这类除草剂的作用靶标是乙酰乳酸合成酶（acetolactate synthase，ALS）。咪唑啉酮类除草剂通过与ALS形成复合物阻断底物进入酶活性位点通路，抑制ALS活性，导致支链氨基酸合成受阻，使植物组织失绿、黄化，从而导致植物生长停止而死亡。这类除草剂大多既能防除一年生禾本科与阔叶杂草，也能防治多年生杂草。但缺点是土壤残留期较长，易造成多数种植的后茬作物药害。

耐咪唑啉酮类基因仅有1种，该基因来源于拟南芥的改良乙酰乳酸合成酶大亚基基因（*csr1-2*）。研发者对来自拟南芥的乙酰乳酸合成酶大亚基基因*csr1-2*进行点突变，将第653位的丝氨酸残基突变为天冬氨酸（S653N），获得了具有耐咪唑啉酮类除草剂的基因*csr1-2*。转入*csr1-2*基因使植物吸收咪唑啉酮类除草剂以后乙酰乳酸合成酶不会与咪唑啉酮结合，从而保证了植物体内正常生理功能。耐咪唑啉酮类除草剂的转基因大豆转化体CV127含有耐除草剂拟南芥乙酰乳酸合成酶大亚基的基因*csr1-2*与其天然启动子，能让种植者在正常咪唑啉酮除草剂使用剂量下抑制杂草生长而不影响大豆生长，2014年该转化体在美国获得商业化种植的许可，目前已有22个国家批准该转基因大豆用于食品或饲料及其加工产品。

五、耐磺酰脲类除草剂转化事件

磺酰脲类除草剂的特点及除草机理同咪唑啉酮类除草剂类似，是属于内吸传导型广谱除草剂。从大豆中克隆获得1个新基因，命名为*gm-hra*，对该基因进行人工修饰，编码的氨基酸合成的ALS具有耐磺酰脲类除草剂的特性。经构建载体PHP17752-gm-hra并导入大豆中，获得耐磺酰脲类除草剂的转基因大豆。目前有2个耐磺酰脲类除草剂转基因大豆的独立转化事件DP356043（图3-6）和DP305423。

DP356043是叠加耐磺酰脲类除草剂和耐草甘膦性状的转化事件，于2008年在美国获得商业化种植的许可，2009年在加拿大和欧洲获得商业化种植许可，目前已经在16个国家获得批准用于食品或饲料及其加工产品。DP305423是复合耐磺酰脲类除草剂和油脂改良性状的转基因大豆，2009年在加拿大获得商业化种植的许可，2010年在美国和日本获得商业化种植的许可，目前已在18个国家获得批准用于食品或饲料及其加工产品。此外，还有1个经过人工杂交选育出的复合耐草甘膦、耐磺酰脲类除草剂和油脂改良的非独立转化事件DP305423×GTS40-3-2。

图3-6 DP356043大豆喷施目标除草剂除草效果

六、耐2,4-滴转化事件

2,4-滴属于激素型内吸传导型除草剂,该除草剂1945年引入市场,迅速应用于小麦、玉米、水稻及其他禾谷类作物防除农田杂草,虽历经半个多世纪仍然经久不衰。2,4-滴被叶片吸收后转运至植物的分生组织,导致茎叶扭曲,植物萎蔫、死亡。由于2,4-滴使用成本低廉、对阔叶杂草的生物活性高,市场表现良好。但2,4-滴对双子叶植物有伤害,因此不能用于常规大豆田除草。

耐2,4-滴的基因主要有2种。一种基因编码的氨基酸能够合成甲基转移酶,如田纳西大学发现了耐2,4-滴的基因 $PtJBMT3$,此基因编码的甲基转移酶能够使2,4-滴失活;另一种基因编码的氨基酸能够合成芳氧基链烷酸酯双加氧酶(aryloxyalkanoate dioxygenase,AAD),如美国陶氏益农公司从细菌中发现的 aad-1 和 aad-12。从鞘氨醇单胞菌(Sphingobium herbicidovorans)中克隆获得了耐2,4-滴的基因,命名为 aad-1。该基因编码的氨基酸能够合成芳氧基链烷酸酯双加氧酶(AAD-1),此酶可以降解2,4-滴的侧链和芳氧苯氧丙酸酯类除草剂的右旋异构体。该公司从代尔夫特食酸菌(Delftia acidovorans)中克隆出另一个基因,并命名为 aad-12。该基因编码的芳氧基链烷酸酯双加氧酶AAD-12可催化降解2,4-滴的侧链,转入该基因的植物不仅对除草剂2,4-滴有抗性,对氯氟吡氧乙酸、三氯吡氧乙酸等激素类除草剂也有抗性。种植转入上述基因的转化体,使2,4-滴安全用于大豆田防治双子叶杂草而不伤害大豆。

含有耐2,4-滴基因的4个转基因大豆均为叠加/复合性状的转基因大豆。其中2个独立转化事件分别通过农杆菌介导法培育。耐2,4-滴、耐草甘膦和耐草铵膦的DAS44406-6,于2013年、2014年、2015年和2015年分别在加拿大、美国、阿根廷和巴西获得商业化种植,目前已在17个国家获得批准用于食品或饲料及其加工产品。耐2,4-滴和草铵膦的DAS68416-4,分别于2012年、2014年、2015年和2015年在加拿大、美国和日本及巴西获得商业化种植的许可,目前已经在14个国家获得批准用于食品或饲料及其加工产品。2个非独立转化事件为DAS68416-4×MON89788和DAS81419×DAS44406,上述事件是两个独立转化事件通过杂交,使大豆分别耐2,4-滴、耐草铵膦、耐草甘膦和抗鳞翅目昆虫、耐草铵膦、耐2,4-滴、耐草甘膦。

七、耐麦草畏转化事件

麦草畏属于苯甲酸类除草剂,具有内吸传导作用,该除草剂通过杂草的茎、叶、根吸收,通过韧皮部及木质部上下传导,阻碍植物激素的正常活动,从而使其死亡,用于禾谷类作物田防除一年生和多年生阔叶杂草。但常规大豆田不能使用该除草剂。

美国孟山都公司从嗜麦芽寡养单胞菌(*Stenotrophomonas maltophilia* DI-6)中克隆获得*dmo*基因,该基因编码合成的麦草畏单加氧酶(dicamba mono-oxygenase enzyme),该酶以麦草畏为底物产生氧化反应,催化除草剂2,4-滴的侧链降解,使该除草剂在植物体内失去活性。

因为麦草畏单一用于大豆田,杀草谱较窄,因此,耐麦草畏的转基因大豆均为叠加/复合性状,其中只有一个是独立转化事件,即耐草甘膦和麦草畏的MON87708。该转化体分别于2012年、2013年、2015年、2016年在加拿大、日本、美国、巴西获得商业化种植许可，目前已经在17个国家获得批准用于食品或饲料及其加工产品。非独立转化事件有6个。其中，叠加其他除草剂耐受性的有2个。这些非独立事件均为通过不同转化体材料人工杂交获得。如耐麦草畏的MON87708与耐草甘膦的MON89788杂交选育获得了耐草甘膦和耐麦草畏的转基因大豆MON87708×MON89788。

八、耐异噁唑草酮转化事件

异噁唑草酮是主要用于玉米、甘蔗等旱作物田做土壤处理的一种有机杂环类选择性内吸型苗前除草剂。它主要经由杂草幼根吸收传导，药效持续时间长，受土壤墒情影响小，农药毒性低。这些优势使异噁唑草酮除草剂具有很好的市场前景。异噁唑草酮属于对羟基苯基丙酮酸双氧化酶（hydroxyphenylpyruvate dioxygenase，HPPD）抑制剂。该酶能催化植物体内质体醌与生育酚合成的起始反应，即催化对羟基丙酮酸转化为尿黑酸，尿黑酸经过羧化、聚戊二烯基化和烷基化生成质体醌和生育酚，质体醌和生育酚是光合作用中电子传递所需的重要物质。异噁唑草酮是HPPD的强烈竞争性抑制剂，植物吸收该类除草剂后，质体醌的减少使八氢番茄红素去饱和酶的作用受阻，从而影响胡萝卜素的合成，进而破坏叶绿素的形成，植物体发生白化，最终死亡。常规大豆对其敏感。

耐异噁唑草酮基因来源于荧光假单胞菌菌株A32（*Pseudomonas fluorescens* strain A32）的改良对羟苯基丙酮酸双加氧酶基因（*hppdPF W336*）。该基因编码一个单位点突变的HPPD蛋白（G336W），这个位点是除草剂在HPPD蛋白上的重要结合位点，突变后的HPPD蛋白降低了与除草剂的结合能力。

FG72大豆转化体叠加了2种除草剂抗性，其中包含耐草甘膦*2mepsp*和耐异噁唑草酮*hppdPF W336*基因。分别于2012年、2013年、2015年、2018年在加拿大、美国、巴西、阿根廷获得商业化种植，目前已经在19个国家获得批准用于食品或饲料及其加工产品。除独立转化事件外，FG72与耐草铵膦的A5547-127常规杂交选育，获得了耐草甘膦、异噁唑草酮和草铵膦转基因大豆FG72×A5547-127。

九、耐硝磺草酮转化事件

硝磺草酮为广谱、内吸、选择性、触杀型除草剂，它与异噁唑草酮作用机理类似，也是对羟基苯基丙酮酸双氧化酶（HPPD）抑制剂。硝磺草酮在玉米芽前或芽后使用，防除一年生阔叶杂草，如苍耳、三裂叶豚草、苘麻、藜、苋和蓼等，并能防除一些禾本科杂草。此外，硝磺草酮可用于草坪、甘蔗、水稻、洋葱、高粱和部分小宗作物。但常规大豆品种对其敏感。

耐硝磺草酮的基因来源于燕麦（*Avena sativa*）的对羟基苯基丙酮酸双氧化酶基因（*avhppd-03*）。耐除草剂转基因大豆SYHT0H2即转入了该基因，同时也叠加了耐草铵膦基因，使大豆具有同时耐受硝磺草酮和草铵膦。SYHT0H2于2014年在加拿大和美国、2017年在阿根廷获得商业化种植的许可，目前已经在17个国家获得批准用于食品或饲料及其加工产品。

第三节　转基因抗虫大豆

虫害影响大豆产量、品质。常见鳞翅目害虫如大豆食心虫、豆荚螟、豆天蛾、造桥虫等常导致大豆叶片穿孔和花器、籽粒受害。为了保产，农民不得不多次喷施杀虫剂来防治害虫，不可避免地带来人类健康及环境风险。

*Bt*基因是苏云金芽孢杆菌（*Bacillus thuringiensis*）晶体蛋白基因的简称。苏云金杆菌在芽孢形成过程中产生蛋白质，并以结晶方式出现，这些蛋白质具有特异性的杀虫活性，通常被称为杀虫结晶蛋白（Bt toxic protein）。Bt蛋白在被昆虫食用前以原毒素（pro-toxin）形式存在，被鳞翅

目等昆虫幼虫食用后，在肠道内经蛋白酶水解转变成具有杀虫活性的有毒多肽分子，这些多肽分子可以与敏感昆虫肠道上皮细胞表面的特异受体相互作用，诱导细胞膜产生非特异性小孔，从而扰乱细胞的渗透平衡，并引起细胞肿胀甚至裂解，导致昆虫幼虫停止进食最终死亡。目前已发现Bt杀虫蛋白对许多重要的农作物害虫，包括鳞翅目、鞘翅目、双翅目、膜翅目等具有特异性毒杀作用，而对人、畜、哺乳动物和其他类别的天敌无害。1981年，Schnepf等人首次成功地克隆了编码Bt蛋白的基因，揭开了利用基因工程培育抗虫植物的序幕。目前已经研发出多个经过密码子优化的Bt基因，并成功导入了烟草、棉花、玉米、大豆等多种植物。Bt植物的应用大大减少了杀虫剂的用量，产生了显著的社会和经济效益。

相对于耐除草剂基因，大豆抗虫基因的利用较少。单一性状的抗虫转基因大豆只有2个，MON87701和MON87751（表3-5），均转入Bt基因，使大豆抗鳞翅目害虫。MON87701于2010年、2011年、2016年在加拿大、美国、阿根廷获得商业化种植的许可，目前已经在17个国家获得批准用于食品或饲料及其加工产品。MON87751于2014年在加拿大和美国、2017年在巴西获得商业化种植的许可。目前已经在11个国家（包括中国）批准用于食品或饲料及其加工产品。复合性状的独立转化事件1个，为复合耐草铵膦和鳞翅目害虫性状的DAS81419，其中抗虫基因 *cry1Ac* 和 *cry1F* 来自苏云金芽孢杆菌。复合性状的非独立转化事件3个，分别是抗鳞翅目昆虫和耐2,4-滴、耐草甘膦、耐草铵膦的DAS81419×DAS44406；抗鳞翅目害虫和耐草甘膦的MON87701×MON89788（图3-7），以及抗鳞翅目害虫、耐麦草畏和耐草甘膦的MON87751×MON87701×MON87708×MON89788。

表3-5 单一性状的独立转基因抗虫大豆

事件	开发机构	目标性状/基因	基因来源
MON87701	孟山都公司	抗鳞翅目昆虫/*cry1Ac*	苏云金芽孢杆菌
MON87751		抗鳞翅目昆虫/*cry1A.105*、*cry2Ab2*	苏云金芽孢杆菌

表3-6 复合/叠加性状的独立和非独立转基因抗虫大豆

事件	开发机构	目标性状/基因	基因来源
DAS81419	陶氏益农公司	抗鳞翅目昆虫/*cry1Ac*、*cry1F* 耐草铵膦/*pat*	苏云金芽孢杆菌 绿色产色链霉菌
DAS81419 × DAS44406		抗2,4-二氯苯氧乙酸/*aad-12* 耐草甘膦/*2mepsps* 耐草铵膦/*pat* 抗鳞翅目昆虫/*cry1Ac*、*cry1F*	代尔夫特食酸菌 玉米 绿色产色链霉菌 苏云金芽孢杆菌
MON87701 × MON89788	孟山都公司	抗鳞翅目昆虫/*cry1Ac* 耐草甘膦/*cp4-epsps*	苏云金芽孢杆菌 农杆菌CP4菌株
MON87751 × MON87701 × MON87708 × MON89788		抗鳞翅目昆虫/*cry1A.105*、*cry2Ab2*、 *cry1Ac* 耐麦草畏/*dmo* 耐草甘膦/*cp4-epsps*	苏云金芽孢杆菌 嗜麦芽窄食单胞菌DI-6 农杆菌CP4菌株

受体大豆（不含*Bt*基因）叶片被害虫为害　　转基因大豆MON87701×MON89788抗虫害

图3-7　MON87701×MON89788抗虫、耐草甘膦大豆喷草甘膦后的田间表现

第四节　转基因品质改良大豆

大豆是重要的食用油、食用蛋白和饲用蛋白原料。对大豆品质改良的目标除了提高蛋白、油脂含量外，还包括改良某些特定营养成分的含量，如提高油酸、γ-亚麻酸等具有保健功能的脂肪酸含量，提高如甲硫氨酸、半胱氨酸等含硫氨基酸含量等，也包括对异黄酮、维生素E等大豆中所含的生

物活性物质进行定向改良，使大豆具有更优良的品质性状，以作为营养保健品满足特殊人群的需求。

植物饱和脂肪酸可在去饱和酶作用下形成不饱和脂肪酸，包括油酸等单不饱和脂肪酸以及亚油酸和亚麻酸等长链多不饱和脂肪酸。长链多不饱和脂肪酸是人体必需脂肪酸。普通大豆油脂中亚油酸、亚麻酸等多不饱和脂肪酸占总脂肪酸量的60%左右，单不饱和脂肪酸的油酸只占20%左右。相比于多不饱和脂肪酸和饱和脂肪酸，油酸在高温时更加稳定、保质期长，并且具有降低人体胆固醇和血脂等功能，因此，在提高大豆油脂产量的同时培育高油酸大豆品种是大豆油脂改良的重要内容。

亚麻油酸（stearidonic acid，SDA）属不饱和脂肪酸，是人体必需的脂肪酸，亚麻油酸含量高的食品能预防大肠癌、肺癌，抑制特异性皮炎等炎症的变态反应，也有保护大脑、提高脑神经机能和增强记忆力等功效。但人体不能自行合成亚麻油酸，需食物供给。常规大豆亚麻油酸含量非常低，因此，培育高亚麻油酸含量的大豆受到育种家重视。对于哺乳动物而言，亚麻油酸是从α-亚麻酸（alpha-linolenic acid，ALA）到二十碳五烯酸（eicosapentaenoic acid）和二十二碳六烯酸（docosahexaenoic acid，DHA）代谢过程中的中间代谢产物。转基因大豆MON 87769含有 *Nc.Fad3* 和 *Pj.D6D* 两个基因，这两个基因分别编码PjΔ6D和NcΔ15D蛋白，可以将大豆油中的亚油酸（linoleic acid，LA）最终催化生成亚麻油酸。*Pj.D6D*是来自于报春花科九莱报春（*Primula juliae*）的Δ6去饱和酶基因，*Nc.Fad3*是来自于粗糙脉孢菌（*Neurospora crassa*）的Δ15去饱和酶基因。PjΔ6D可以将大豆油中的ALA催化生成SDA，但同时也能将LA催化生成γ-亚麻酸（gamma linolenic acid，GLA）。MON 87769中导入的Δ15去饱和酶则能够将GLA催化生成SDA，同时使LA转变为ALA，增加PjΔ6D的底物。因此，PjΔ6D和NcΔ15D共同作用，可以更有效地将LA最终转变为SDA。转入上述基因以后，MON 87769大豆油中含有约占总脂肪酸的20%～30%的亚麻油酸和占脂肪酸的7%左右的γ-亚麻酸。MON 87769中产生的SDA与一些植物、鱼类以及鱼油/海藻油中含有的SDA类似，含有SDA的大豆油可作为ω-3脂肪酸替代来源，满足人们对长链ω-3脂肪酸日益增长的膳食需求。MON87769同时还含有耐草甘膦的*cp4-epsps*基因，具备对草甘膦的耐受性。品质改良转基因大豆MON87769于2015年12月31日在中国获得进口用作加工原料的生物安全证书。

  品质改良大豆目前共有12个转化事件（表3-7）。油脂改良多复合了耐除草剂基因，如耐草甘膦、磺酰脲类、麦草畏等。DP305423含有大豆来源的*gm-hragm-fad*2-1基因，该基因通过沉默*fad2-1*基因阻止油酸形成亚油酸，从而改良油/脂肪酸含量，使种子中油酸的含量提高到75%。该转化体还耐磺酰脲类除草剂。2009年转化体在美国批准商业化种植。MON87705复合了品质改良特性和草甘膦耐受性。通过转入*fat b1-A*、*fad2-1A*两个品质改良基因和*cp4-epsps*（aroA：CP4）基因，增加了大豆不饱和脂肪酸含量，同时耐受草甘膦。该转化体已经于2011年在美国商业化种植。

表3-7 复合性状的转基因品质改良大豆转化事件

事件	开发机构	目标性状/基因	基因来源
DP305423	杜邦公司	耐磺酰脲类/*gm-hra* 改良油/脂肪酸/*gm-fad2-1*	大豆 大豆
260-05	杜邦公司	改良油/脂肪酸/*gm-fad2-1* 解毒β-内酰胺类抗生素/*bla* 标记基因/*uidA*	大豆 大肠杆菌 大肠杆菌
MON87705	孟山都公司	改良油/脂肪酸/*fatb1-A*、*fad2-1A* 耐草甘膦/*cp4-epsps*	大豆 农杆菌CP4菌株
MON87769	孟山都公司	改良油/脂肪酸/*Pj.D6D* 改良油/脂肪酸/*Nc.Fad3* 耐草甘膦/*cp4-epsps*	报春花 粗糙链孢霉 农杆菌CP4菌株
MON87705 × MON87708	孟山都公司	改良油/脂肪酸/*fatb1-A*、*fad2-1A* 耐麦草畏/*dmo*	大豆 嗜麦芽窄食单胞菌DI-6
DP305423 × MON87708	杜邦公司	改良油/脂肪酸/*gm-fad2-1* 耐麦草畏/*dmo*	大豆 嗜麦芽窄食单胞菌DI-6
DP305423 × MON89788	杜邦公司	改良油/脂肪酸/*gm-fad2-1* 耐草甘膦/*cp4-epsps*	大豆 农杆菌CP4菌株

（续表）

事件	开发机构	目标性状/基因	基因来源
MON87705 × MON89788	孟山都公司	改良油/脂肪酸/*fatb1-A*、*fad2-1A* 耐草甘膦/*cp4-epsps*	大豆 农杆菌CP4菌株
MON87769 × MON89788	孟山都公司	改良油/脂肪酸/*Pj.D6D* 改良油/脂肪酸/*Nc.Fad3* 耐草甘膦/*cp4-epsps*	报春花 粗糙链孢霉 农杆菌CP4菌株
DP305423 × GTS40-3-2	杜邦公司	耐磺酰脲类/*gm-hra* 改良油/脂肪酸/*gm-fad2-1* 耐草甘膦/*cp4-epsps*	大豆 大豆 农杆菌CP4菌株
DP305423 × MON87708 × MON89788	杜邦公司	改良油/脂肪酸/*gm-fad2-1* 耐麦草畏/*dmo* 耐草甘膦/*cp4-epsps*	大豆 嗜麦芽窄食单胞菌DI-6 农杆菌CP4菌株
MON87705 × MON87708 × MON89788	孟山都公司	改良油/脂肪酸/*fatb1-A*、*fad2-1A* 耐草甘膦/*cp4-epsps* 耐麦草畏/*dmo*	大豆 农杆菌CP4菌株 嗜麦芽窄食单胞菌DI-6

DP305423和耐草甘膦及麦草畏的MON87708通过人工杂交培育成了改良品质并耐麦草畏的DP305423×MON87708。耐草甘膦和改良油/脂肪酸的MON87705与耐麦草畏的MON87708通过人工杂交获得了改良油/脂肪酸和耐麦草畏的MON87705×MON87708。以类似的方法，经过人工杂交选育，还获得了油脂改良复合草甘膦抗性的3个转化事件DP305423×MON89788、MON87705×MON89788、MON87769×MON89788。

第五节　其他性状转基因大豆

除了上述主流性状以外，其他性状的转基因大豆有抗旱转基因大豆HB4和调节生长的转基因大豆MON87712（表3-8）。*Hahb-4*是向日葵的一个转录因子，转入大豆中，获得的转基因植株在逆境条件如干旱盐碱下表现出较高的产量，且木质部面积增大、水分利用效率提高。该转基因大豆分别于2015年、2019年和2019年在阿根廷、美国和巴西获得商业化种植的许可，同时也获得了作为食品和饲料或其加工产品的许可。MON87712大豆通

过转入 *bbx32* 和 *cp4-epsps*（aroA：CP4）基因，可调节大豆光周期，促进大豆营养生长和生殖生长，同时耐受草甘膦。促进生长的 *bbx32* 基因来自模式植物拟南芥，该基因产生的蛋白能和大豆中的内源转录因子结合，调节大豆的生理过程，协调营养生长和生殖生长的关系，从而提高产量。2013年该转基因大豆在美国获得商业化种植的许可，同时也获得了作为食品和饲料或其加工产品的许可。

表3-8　其他转基因大豆转化事件

事件	开发机构	目标性状/基因	基因来源
HB4	Verdeca	抗旱/*Hahb-4*	向日葵
MON87712	孟山都	耐草甘膦/*cp4-epsps* 促进植物生长/*bbx32*	农杆菌CP4菌株 拟南芥

第六节　转基因大豆的优势及效益

《2020年全球粮食危机报告》显示，截至2019年底，55个国家和地区的1.35亿人面临严重的粮食安全危机，需要采取紧急行动。此外，超过1.83亿人处于紧张的粮食安全危机下，如果叠加COVID-19（新冠）大流行的演变趋势，全球极有可能陷入严重的粮食安全危机。实践证明，种植转基因作物不失为一个解决粮食危机的理想选择。

1996—2018年，转基因作物将农作物生产力提高了8.22亿t，为全球带来的经济收益总计达2 249亿美元；仅2018年，农作物生产力提高8 690万t，价值189亿美元，为95%发展中国家的农民带来了可观的收益。在这23年间减少农药使用量77.6万t；节省了2.31亿hm^{2}土地，保证了森林和生物多样性。2019年ISAAA发布的报告显示，全球共有29个国家和地区种植了转基因作物。发展中国家转基因作物种植表现强劲增长态势。继2018年南非、苏丹和埃斯瓦蒂尼王国后，2019年非洲又有3个国家加入生物技术/转基因作物种植的行列，分别是马拉维、尼日利亚和埃塞俄比亚。此外，42个国家（地区）进口转基因作物用于粮食、饲料和加工。2019年，全球四大主要转基因作物中转基因大豆的种植面积最大，达9 190万hm^2（图3-8），占大豆种植面积的74%，占全球转基因作物总种植面积的48%。

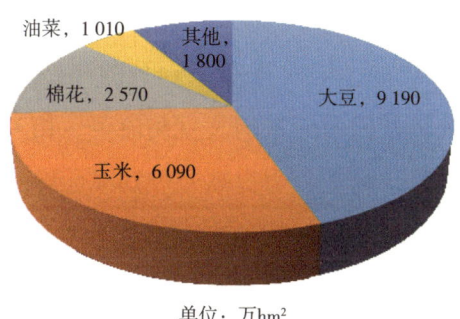

图3-8 2019年全球转基因作物种植面积

2019年，全球排名前五位的转基因作物种植大国的平均转基因作物应用率接近饱和。其中美国95%、巴西94%、阿根廷接近100%、加拿大90%、印度94%。为了增加营养食品的生产，应对气候变化带来的影响，有效防治新的病虫草害，这些国家将通过批准新的转基因作物和新的性状并将其商业化来扩大转基因作物的种植面积。这些转基因种植大国，依靠转基因技术，大大提高了土地生产力及产品竞争力。

耐除草剂作物增产、节本、增效，为种植国带来了显著经济、社会和生态效益。美国、巴西和阿根廷广泛种植转基因耐除草剂大豆后，大豆产品能够迅速主导国际大豆农产品市场，其主要原因有如下几点。耐除草剂转基因大豆增强了作物对除草剂抗性，可以方便安全地使用非选择性除草剂草甘膦等，保证了良好除草效果、低成本和大豆安全生产。耐草甘膦大豆表现良好的增产性，同时也大幅度减少了除草对除草剂品种的依赖和使用量。过去，农民种植常规大豆需用3~5次除草剂（或几种除草剂混用），即使如此，非转基因大豆有时也还需要人工除草和中耕除草辅助，额外增加费用。种植耐除草剂大豆，施药可减少到1~2次，因此，耐除草剂转基因大豆的除草总成本要比非转基因大豆的少712.1元/hm^2。另一方面，非转基因大豆的除草成本不仅高，而其除草效果还远不如耐除草剂转基因大豆，因此耐除草剂转基因大豆的单产远高于非转基因大豆。据ISAAA报告和美国农业科学与技术理事会（Council for Agricultural Science and Technology，CAST）指出，农民广泛种植转基因大豆的主要原因是可以减少56%的生产成本，同时提高了44%的单产。美国、巴西、阿根廷和加拿大因为种植转基因耐除草剂大豆和油菜，相关农产品产量高、品质好、价格低，在国际市场竞争力提高，分别成为转基因大豆和油菜的生产和出口大国；巴西是转基因作物种植面积第二位的国家，耐除草剂大豆促进了其种植模式的改变，实行少耕免耕，增加种植密度，大豆平均增产26%，保护了农田环境和水土。上述四国仅种植第二代耐除草剂大豆就分别增收173.79亿美元、84.87亿美元、8.40亿美元和9.05亿美元。据统计，23年间，全球种植耐除草剂大豆、玉米、棉花分别增收643亿美元、170亿美元、22.5亿美元，3种作物中，增产的贡献分别占54%、36%、27%，节支贡献分别占45%、64%、63%。比较我国和美国大豆单产来看，1996—2015年，我国单产水平在1 600~1 811kg/hm^2之间波动，没有明显增加。而美国种植转基因大豆1996—2004年单产2 308~2 800kg/hm^2，远高出我国大豆单位面积产量，其后大部分年份美国大豆的单产保持在2 800kg/hm^2以上，2015年美国大豆单产达到了3 180kg/hm^2。

转基因耐除草剂作物有助于保护性耕作制度实施。自从引入耐除草剂大豆以来，美国免耕大豆种植面积已经提高35%。阿根廷免耕大豆种植面积也有较大程度提高。保土耕作技术的推广降低了油耗和农机投资，减少了93%的表面土壤流失，保护了10亿t的表层土壤，提高了水分利用率，增加了土壤中有机质的含量，减少了70%的除草剂应用对环境带来的压力，同时减少了1.48亿kg的二氧化碳排放量，从而产生了显著的生态效益。采用耐草甘膦大豆还有利于治理当茬作物及后茬作物受除草剂的药害问题，实现作物周年持续增产。

此外，转基因大豆在减少杀虫剂使用量、改善大豆品质、提高抗逆性等方面也发挥着重要作用。

案例　中国转基因大豆研发

我国是大豆的原产国，但随着人口增长和经济发展，国内大豆产量逐渐无法满足人民群众的日常需求。在我国每年进口的粮食作物中，大豆的进口量最大。农业农村部发布的审批信息显示，自2004年起至今，先后批准17种转基因大豆作为加工原料进口，包括10种耐除草剂大豆、2种抗虫大豆、2种品质改良大豆和3种复合性状大豆（表3-9）。国际上转基因大豆的产量水平、价格优势，给国内大豆产业带来巨大冲击。自2012年起，我国进口大豆依存度一直保持在80%以上，2018年国内大豆产量仅为1 596.71万t，而大豆进口量达到8 804万t，进口金额高达380.87亿美元。

表3-9　我国批准作为加工原料进口的转基因大豆安全证书清单

单位	序号	审批编号	转基因大豆品种	有效期
孟山都远东有限公司	1	农基安证字（2017）第001号	品质性状改良耐除草剂大豆MON87705	2017年6月12日—2020年6月12日
	2	农基安证字（2018）第013号	抗虫大豆MON87701	2018年12月20日—2021年12月20日
	3	农基安证字（2018）第014号	品质性状改良大豆MON87769	2018年12月20日—2021年12月20日
	4	农基安证字（2018）第014号	耐除草剂大豆MON87708	2018年12月20日—2021年12月20日
	5	农基安证字（2018）第014号	抗虫耐除草剂大豆MON87701×MON89788	2018年12月20日—2021年12月20日
	6	农基安证字（2018）第014号	耐除草剂大豆GTS40-3-2	2018年12月20日—2021年12月20日
	7	农基安证字（2019）第005号	耐除草剂大豆MON89788	2019年12月2日—2022年12月2日

（续表）

单位	序号	审批编号	转基因大豆品种	有效期
巴斯夫农化有限公司	1	农基安证字（2018）第012号	耐除草剂大豆CV127	2018年12月20日—2021年12月20日
	2	农基安证字（2018）第006号	耐除草剂大豆A2704-12	2018年12月20日—2021年12月20日
	3	农基安证字（2018）第031号	耐除草剂大豆FG72	2018年12月20日—2021年12月20日
	4	农基安证字（2019）第004号	耐除草剂大豆A5547-127	2019年12月2日—2022年12月2日
先正达农作物保护股份公司、巴斯夫种业有限公司	1	农基安证字（2018）第004号	耐除草剂大豆SYHT0H2	2018年12月20日—2021年12月20日
先锋国际良种公司	1	农基安证字（2019）第006号	品质改良耐除草剂大豆DP305423×GTS40-3-2	2019年12月2日—2022年12月2日
	2	农基安证字（2019）第007号	品质改良大豆DP305423	2019年12月2日—2022年12月2日
陶氏益农公司	1	农基安证字（2018）第005号	耐除草剂大豆DAS44406-6	2018年12月20日—2021年12月20日
	2	农基安证字（2019）第001号	抗虫大豆DAS81419-2	2019年12月2日—2022年12月2日

我国大豆进口量快速增长的原因有如下几点。一是国内大豆蛋白的需求增长迅速，而杂粮的供给量却变化不大，无法满足国内日益增长的蛋白需求。二是国产大豆的供给量明显下降。一边是国内大豆产量在不断下降，另一边是国内大豆的需求持续增加，持续扩大的供需缺口只能由大豆进口来补充。三是进口的转基因大豆比我国的非转基因大豆出油率高约3%，压榨效果更好，经济效益更高。四是国外转基因大豆与国内大豆的价格差异等因素，也导致了我国对大豆的进口量增加。其中，价格差是导致我国大量进口转基因大豆的主要原因之一，从1994年到2012年，我国每50kg大豆的生产成本从38.72元增加到124.51元，每50kg大豆平均出售价格从1994年的77.45元增加到2012年的230.24元，而大部分年份进口大豆价格明显低于我国自产大豆的平均出售价格。2012年每50kg大豆进口金额比我国大豆销售价格低42.94元，由此导致农户种植大豆的利益受损，进而影响

大豆种植面积与大豆总产量。对国外转基因大豆的高度依赖，使我国在国际大豆期货市场缺乏定价权，对我国粮食安全构成威胁。

在国家"863计划""973计划""转基因生物新品种培育科技重大专项"等项目的大力扶持下，转基因大豆的培育已经取得一系列重要成果。2019年12月，由上海交通大学研发的转$g10evo\text{-}epsps$基因耐除草剂大豆SHZD3201获得了农业农村部颁发的南方大豆区生产应用安全证书。2020年6月，中国农业科学院研发的转基因耐除草剂大豆中黄6106获得在黄淮海夏大豆区生产应用的安全证书，该转化体因转入$g2\text{-}epsps$和gat基因而耐受除草剂草甘膦。北京大北农生物技术有限公司研发的转入$epsps$和pat的耐除草剂草甘膦、草铵膦大豆DBN-Ø9ØØ4-6（DBN-09004-6、S4003.14）获得进口用作加工原料安全证书，该转基因大豆转化事件已经在2019年2月获得阿根廷政府的正式种植许可。上述转化体生产种植时，采用草甘膦除草均表现理想除草效果和大豆安全性，增产性良好（图3-9、图3-10、图3-11），且成本低、不影响后茬作物生长。

喷施草甘膦　　　　　　　　　　　空白对照

图3-9　中黄6106耐草甘膦大豆的小区除草试验田间表现

喷施草甘膦　　　　　　　　　　　空白对照

图3-10　DBN-Ø9ØØ4-6耐草甘膦大豆的小区除草试验田间表现

喷施草甘膦　　　　　　　　　　　　　空白对照

图3-11　SHZD3201耐草甘膦大豆的小区除草试验田间表现

但是转基因作物不是万能药,像常规作物一样坚持良好的作物栽培和管理规范(例如轮作和有害生物抗性管理等)是转基因作物长久发挥作用的必要条件。

第四章 转基因大豆的安全性评价

自转基因作物研发开始,其安全性问题一直受到各国政府、专家及公众的广泛关注。在转基因作物大规模商业化种植前对其进行系统、严格的安全性评价,并在释放后开展持续跟踪监测,是目前各国对转基因作物风险管理的共识。

我国也非常重视转基因植物的安全性。习近平总书记在谈到转基因时指出:"对这个问题,我强调两点:一是要确保安全,二是要自主创新。也就是说,在研究上要大胆,在推广上要慎重。转基因农作物产业化、商业化推广,要严格按照国家制定的技术规程规范进行,稳扎稳打,确保不出闪失,涉及安全的因素都要考虑到。"

大豆是最早商业化的转基因作物,人们对其种植和应用一直存在担心和争论。大豆的耐除草剂基因是否会通过花粉传给周围的杂草和近缘野生种,从而产生"超级杂草"和增加杂草防除的难度;种植耐除草剂大豆是否会导致除草剂用量提高,增加除草剂在食品中的残留量。转入抗虫基因的植物,对靶标害虫有毒的蛋白是否会伤害蜜蜂等传粉昆虫和其他有益昆虫;大面积和长时期使用抗虫、耐除草剂的转基因种子,杂草和害虫是否产生适应性,是否会限制抗虫大豆的推广使用;转基因大豆食用是否安全;我国和其他国家如何评价这些转基因大豆的安全性。

本章和后续两章将对转基因大豆安全性评价的原则、内容及方法,转基因大豆的环境安全性、转基因大豆的食用安全性进行概述。

第一节 转基因生物安全评价的原则和内容

世界各国和国际组织高度重视转基因生物的安全问题。1976年,美国国立卫生研究院(National Institutes of Health,NIH)制定了世界上第一个实验室基因工程法规《重组DNA分子实验准则》(*Guidelines for Research Involving Recombinant DNA Molecules*)。此后,有20多个国家相继颁布了各国此类法规或准则。

1990年,联合国粮食及农业组织(FAO)和世界卫生组织(World Health Organization,WHO)研究建立了有关生物技术食物安全评估程序。1993年WHO研究了转基因植物使用抗生素标记基因的潜在危险性问题;经济合作与发展组织(Organization for Economic Co-operation and Development,OECD)提出了评价转基因食品安全性的实质等同性原则。1996年,WHO／FAO提出国际统一执行的生物技术食物安全性操作规程,并由国际生物技术研究所等机构研发了一种评估转基因食物过敏性的"树型判定法"的策略。1999年,国际食品法典委员会(Codex Alimentarius Commission,CAC)第23届会议提出了中期计划(1998年至2002年)研究发展转基因食物的标准,并就实施该计划成立转基因食物的国际组织。2000年,FAO/WHO在瑞士日内瓦召开了转基因生物专家顾问委员会联席会议,讨论了转基因生物安全性评价的基本原则和内容、动物模型的必要性、非预期效应、营养学问题、转基因植物的基因漂移、转基因食品的致敏性、抗生素抗性标记基因、新蛋白的负面作用以及转基因食物对人体长期影响等；提出了"实质等同性"的定义。2004年6月1日，FAO公布了由该组织国际植物保护协议管理委员会制定的新的《植物生物风险防范纲要》，该纲要主要用于判断活体转基因生物是否含有对植物有害的物质。《植物生物风险防范纲要》可用于确定哪些转基因物质有可能对植物健康构成危害，从而决定是否禁止其出口，甚至禁止其在本国使用。目前，100多个国家（包括发达国家和发展中国家）采纳了这个转基因生物风险评估标准。

我国国家科学技术委员会1993年12月24日发布了《基因工程安全管理办法》，要求转基因生物释放之前必须进行安全性评估。根据这一原则，农业部在1996年7月发布了《农业生物基因工程安全管理实施办法》。2001年国务院颁布实施了《农业转基因生物安全管理条例》。2002年农业部发布《农业转基因生物安全评价管理办法》（2004年、2017年修订），并相继发布了《转基因植物安全评价指南》和一系列转基因生物成分检测、环境安全和食品安全评价标准。

世界各国的法律、法规、方法、标准，对明确转基因生物安全评价原则、内容、标准及规范有指导意义。

一、转基因生物安全性评价原则

新基因、新目标性状、新遗传转化方法以及转基因生物的新用途，都有可能带来新的风险。转基因生物安全源于转基因生物及其产品的研究与应用而导致的确定或不确定的潜在风险，它与转基因生物遗传物质的改变及改变的方式密切相关。

（一）联合国食品法典委员会提出的安全性评价原则

联合国食品法典委员会（CAC）认为，对来源于现代生物技术的食品安全性评价过程应该与风险分析工作原则相一致。安全性评价原则有以下3个。

1. 科学为基础原则（science-base principle）

安全性评价应该以科学的态度和方法为基础，利用先进的科学技术和科学的安全评价方法，认真收集科学数据、对数据进行科学的统计分析，根据安全性评价相关指导原则进行科学评价，以得到转基因植物及其产品安全评价的科学结论。

2. 实质等同性原则（substantial-equivalent principle）

通过比较评价转基因植物及其产品是否与其非转基因对照在毒理学、致敏性、抗营养因子、主要营养成分、生存竞争能力等方面实质等同，如果是实质等同，就认为转基因植物及其产品与其非转基因对照一样安全。

3. 个案分析原则（case-by-case principle）

转基因植物及其产品上市前按照一个框架型和综合型的评价方法，即某种转基因作物经过评价是安全的，不代表其他转基因作物也是安全的。个案分析原则要求转基因植物及其产品上市前应该按照各自的评价方法，对不同转化事件的安全性采取不同的评价方法。针对具体的外源基因、受体植物、转基因操作方式、转基因植物的特性及其释放的环境进行具体的研究和评价。

（二）其他应遵守的原则

根据CAC对转基因生物及其产品的安全性评价的原则，对其他应遵守的原则也进行了科学的描述，包括以下几项。

1. 熟悉原则（familiarity principle）

在对转基因植物及其产品安全评价过程中，要逐步熟悉和了解转基因受体植物、目的基因、转基因方法、转基因植物的释放环境、转基因植物产品的用途等因素,随着对上述情况的逐步了解和熟悉,可以充分简化转基因植物及其产品的安全性评价步骤。

2. 逐步深入原则(step-by-step principle)

对转基因植物安全性评价应当分阶段进行,对每一个阶段设置具体的评价内容,逐步而深入地开展评价工作。

3. 预防原则(precautionary principle)

转基因植物及其产品是现代生物技术在农业上应用的产物,发展的历史和总结的经验相对常规育种少一些。基因供体、受体和目的基因的多样性给转基因植物及其产品的安全性带来某些不确定因素,预防原则可以在遵循科学原则的基础上,把转基因植物及其产品可能存在的风险降到最低程度。

我国对转基因植物的安全评价也遵从上述原则(图4-1)。

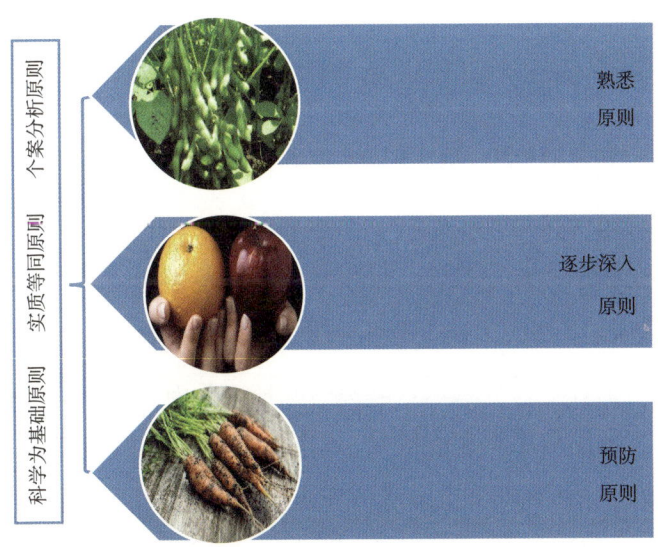

图4-1 安全性评价总体原则

二、转基因生物安全性评价的内容

根据《农业转基因生物安全管理条例》,农业部于2002年以部长令形式发布了《农业转基因生物安全评价管理办法》。其附录《转基因植物安全性评价》规定了转基因植物安全性评价内容(如转基因作物的分子特征、遗传稳定性、环境安全、食用安全等)、转基因植物试验方案及转基因植物田间试验各阶段要求。为了进一步规范转基因植物安全性评价内容和方法,农业部农业转基因生物安全管理办公室于2007年9月发布了《转基因植物安全评价指南(试行)》;根据新的《农业转基因生物安全管理条例》和《农业转基因生物安全评价管理办法》,农业部2017年对《转基因植物安全评价指南》等进行了修订,并经2017年农业部第1次常务会议批准。《转基因植物安全评价指南》对转基因植物的安全评价内容做了详细要求。

1. 总体要求

(1)分子特征

从基因水平、转录水平和翻译水平,考察外源插入片段的整合和表达情况。包括表达载体相关资料(如表达载体所有元件名称、位置和酶切位点,目的基因的供体生物、结构、功能和安全性,表达载体其他主要元件的启动子、终止子、标记基因、报告基因,其他表达调控序列的来源、名称、大小、DNA序列、功能、安全应用记录等详细数据),目的基因在植物基因组中的整合情况(包括目的基因和标记基因的拷贝数,标记基因、报告基因或其他调控序列删除情况,整合位点等),外源插入片段的表达情况(包括转录水平表达和翻译水平表达等)。

(2)遗传稳定性

主要考察转基因植物世代之间目的基因整合与表达情况。包括目的基因整合的稳定性(明确转化体中目的基因的拷贝数以及在后代中的分离情况,提供不少于3代的试验数据),目的基因表达的稳定性(提供不少于3代的试验数据),目标性状表现的稳定性(用适宜的观察手段考察目标性状在转化体不同世代的表现情况,提供不少于3代的试验数据)。

(3)环境安全

包括生存竞争能力(提供在自然环境下,转基因植物与受体种子活力、种子休眠特性、越冬越夏能力、抗病虫能力、生长势、生育期、产量、落粒性等适合度变化与杂草化风险评估等的试验数据和结论),基因漂移的环境影响(提供受体物种的相关资料、外源基因漂移风险等数据和报告),功能效率评价(提供自然条件下转基因植物的功能效率评价报告),转基因植物对非靶标生物的影响(根据转基因植物与外源基因表达蛋白特点和作用机制,有选择地提供对相关非靶标植食性生物、有益生物、受保护的物种等其他非靶标生物潜在影响的评估报告),对植物生态系群落结构和有害生物地位演化的影响(根据转基因植物与外源基因表达蛋白的特异性和作用机理,有选择地提供对相关动物群落、植物群落和微生物群落结构和多样性的影响,以及转基因植物生态系统下病虫害等有害生物地位演化的风险评估报告等),靶标生物的抗性风险(抗病虫转基因植物需提供对靶标生物的作用机制和特点等资料,转基因植物商业化种植前靶标生物的敏感性基线数据,抗性风险评估依据和结论,拟采取的抗性监测方案和治理措施等)。

(4)食用安全

按照个案分析的原则,评价转基因植物与非转基因植物的相对安全性。有性繁殖的转基因植物,以遗传背景与转基因植物有可比性的非转基因植物为对照物。对照物与转基因植物的种植环境(时间和地点)应具有可比性。

食用安全评价内容包括新表达物质毒理学评价(如新表达蛋白资料、新表达蛋白毒理学试验、新表达非蛋白质物质的评价、摄入量估算等),致敏性评价(如基因供体是否含有致敏原、插入基因是否编码致敏原、新蛋白质在植物食用和饲用部位表达量的资料；新表达蛋白质与已知致敏原氨基酸序列的同源性分析比较资料；新表达蛋白质热稳定性试验资料；体外模拟胃液蛋白消化稳定性试验资料；对于供体含有致敏原的，或新蛋白质与已知致敏原具有序列同源性的，应提供与已知致敏原为抗体的血清学试验资料；受体植物本身含有致敏原的，应提供致敏原成分含量分析的资料），关键成分分析（提供转基因植物可食部位的初级农产品基本信息，包括名称、来源、所转基因和转基因性状、种植时间、地点和特异气候条件、储藏条件等资料；同一种植地点至少3批不同种植时间的样品，或3个不同种植地点的样品；提供同一物种对照物各关键成分的天然变异阈值及文献资料等，如营养素、天然毒素及有害物质、抗营养因子、其他成分和非预期成分等），全食品安全性评价（即大鼠90天喂养试验资料；必要时提供大鼠慢性毒性试验和生殖毒性试验及其他动物喂养试验资料），营养学评价（如果转基因植物在营养、生理作用等方面有改变的，应提供营养学评价资料），生产加工对安全性影响的评价（应提供与非转基因对照物相比，生产加工、储存过程是否可改变转基因植物产品特性的资料，包括加工过程对转入DNA和蛋白质的降解、消除、变性等影响的资料，如油的提取和精炼、微生物发酵、转基因植物产品的加工、储藏等对植物中表达蛋白含量的影响等），按个案分析的原则需要进行的其他安全性评价（对关键成分有明显改变的转基因植物，需提供其改变对食用安全性和营养学评价资料）。

2. 阶段要求

《农业转基因生物安全评价管理办法》规定安全评价工作按照植物、动物、微生物3个类别，以科学为依据，以个案审查为原则，实行分级分阶段管理。并规定了转基因植物安全评价应按照《农业转基因生物安全评价管理办法》在实验阶段、中间试验阶段、环境释放阶段、生产性试验和申请安全证书的不同阶段提供具体所需材料的基本要求。由此看出，我国对转基因生物的管理比发达国家更严格。只有通过了上述安全评价的转基因植物才有可能在生产上应用。

第二节　转基因大豆安全评价方法

将一个目的基因转入受体（即接受目的基因的大豆材料）后，希望得到的转化体是除了具有转入的目标性状（耐除草剂、抗虫、品质改良等）外，其他性状都和受体相同的转化体。转基因大豆的安全性评价需要对受体大豆安全性、基因操作对受体生物安全等级影响、转基因大豆的安全性、转基因大豆产品的安全性等进行综合评估。

农业转基因生物安全实行分级评价管理。按照对人类、动植物、微生物和生态环境的危险程度，将农业转基因生物分为以下4个等级。

安全等级Ⅰ：尚不存在危险。

安全等级Ⅱ：具有低度危险。

安全等级Ⅲ：具有中度危险。

安全等级Ⅳ：具有高度危险。

根据《农业转基因生物安全评价管理办法》，需在转基因大豆的不同研究阶段，提供安全评价不同要求的具体资料（图4-2）。

图4-2　转基因大豆安全评价内容

案例　GTS40-3-2转基因大豆安全评价

以下以最早商业化的耐草甘膦大豆GTS40-3-2进口用作加工原料的中间试验阶段（指在控制系统内或者控制条件下进行的小规模试验）的安全性评价内容为案例，解读转基因大豆安全评价的流程（表4-1）。

表4-1　转基因大豆GTS40-3-2安全评价流程

受体大豆的安全性	基因操作对受体安全等级影响	转基因大豆的安全性评价	转基因大豆产品的安全性评价
受体大豆的背景资料	转基因大豆中引入或修饰性状和特性	转基因大豆的遗传稳定性	生产、加工活动对转基因大豆安全性的影响
受体大豆的生物学特性	实际插入或删除序列的资料	转基因大豆与受体在环境安全性方面的差异	转基因大豆产品的稳定性
受体大豆的生态环境	目的基因与载体构建的资料	转基因大豆与受体大豆在对人类健康影响方面的差异	转基因大豆产品与转基因大豆在环境安全性方面的差异
受体大豆的遗传变异	载体中插入区域各片段的资料		转基因大豆产品与转基因大豆在对人类健康影响方面的差异
受体大豆的监测方法和监控的可能性	转基因方法的安全性		
	插入序列表达的资料		

一、受体植物安全性评价

经过评价得出，受体栽培大豆对人体健康和生态环境未发生过不利影响；对环境产生负面效应或者演化成有害生物的可能性极小。尽管食用大豆后可能会引起极少数特殊人群的轻微过敏反应，但这只是个案，不会给公众带来食用大豆安全性方面的担心。大豆为多年前就经过驯化的栽培物种，离开人类的耕作管理很难与杂草竞争，偶尔出现的大豆自生苗也很容易去除。根据《农业转基因生物安全评价管理办法》第二章第十一条的规定，受体植物大豆的安全等级为Ⅰ。

1. 受体植物的背景资料

大豆属分为两个亚属：*Glycine*和*Soja*。*Glycine*亚属内有22个多年生的野生亚种。*Soja*亚属包括栽培大豆种［*Glycine max* (L.) Merr.］及其一年生野生近缘种。大豆起源于中国的北部和中部，5 000年前就被人类驯化。栽培大豆为二倍体（2n=40）植物，在分类学上属豆科（Leguminosae）蝶形花亚科（Papilionoideae）菜豆族（Phaseoleae）大豆属（*Glycine* Willd.）大豆亚属［*Soja* (Moench) F.J.Herm.］大豆种（*max*）。大豆作为一种经过人类长期驯化的作物，已成为栽培种，它不能有效地侵袭现有的生态系统。大豆是人类最重要的粮食和油料作物之一。目前无证据表明大豆及加工产品危害人类健康。只有极少数特定过敏人群对大豆蛋白出现过敏的案例。在人类长期种植和生产过程中，也没有发现大豆对生态环境产生过不利影响。

GTS40-3-2大豆品系受体亲本为A5403大豆。A5403是美国Asgrow种子公司的商品大豆品种，为早熟Ⅴ组，具稳产、高产、抗孢囊线虫3和4小种，并具有良好的抗倒伏和抗叶、茎病害的能力，已经种植多年。将农杆菌CP4菌株编码序列*epsps*耐草甘膦基因转入A5403，获得耐草甘膦大豆品种GTS40-3-2。

2. 受体植物的生物学特性

大豆是一年生植物，靠种子繁殖。大豆为严格自花授粉，天然异交率与种植距离有关，通常不到1%。研究表明，与花粉源距离超过1m，天然杂交不足1.5%，随着与花粉源距离的增加而异交率迅速降低。相距5.4m、6.5m、10.5m时，异交率分别为0.05%、0%、0%；但也有个别报道，距离花粉源13.7m和29m时异交率分别为0.004%和0.001%，这可能与大豆是虫媒花，和昆虫活动距离有关。

$Glycine$属可分为2个亚属，一年生野生种的$Soja$亚属和多年生物种的$Glycine$亚属，这两个亚属间自然杂交可能性极小，即使能够采用其他方法得到F_1代杂交种一般也不育。$Soja$亚属包括栽培大豆$G.max$和一年生野生种$G.soja$。$G.soja$可以同$G.max$进行自然杂交，自然杂交率仅为0.73%~12.8%，后代F_1可育。但许多因素限制了栽培大豆与近源野生种的天然杂交，如严格的自花授粉特性、野生大豆与栽培大豆开花期是否相遇和一般需要辅助授粉等。因此由栽培大豆与近源野生种之间经过花粉为媒介的基因漂移发生的可能性较小。$Soja$亚属里还有另外一种类型，即$G.gracilis$，这一类型是杂草或$G.max$的半杂草形式，也可能是$G.soja$和$G.max$的一个杂交种，将$G.max$和$G.soja$或$G.max$和$G.gracilis$进行杂交可以得到可育F_1。

根据作物向野生近缘物种发生基因渗入的定义"指基因从一个群体或物种通过杂交向另一个群体或物种转移，并长期存在于受体群体或物种中"，大豆种间发生这种基因转移的可能性极低。

根据OECD（2001）资料，大豆籽粒里有几种抗营养因子，包括胰蛋白酶抑制剂、大豆凝集素、异黄酮（黄豆苷原、染料木黄酮、黄豆黄素）、水苏四糖、棉子糖和植酸。胰蛋白酶抑制剂未经加热处理能干扰蛋白的消化，作饲料会降低动物的生长速度。大豆凝集素如未经加热处理，会抑制动物的生长，甚至导致死亡。在大豆蛋白产品或者豆粕加工过程中，胰蛋白酶抑制剂和大豆凝集素会因高温而失去活性。如果加工得当，大豆最终可食用部分只会含有很少的这类抗营养因子。大豆具有被人类驯化和消费的长期历史，全球人口中相当大的一部分人食用大豆蛋白食品，目前大豆蛋白在人体内发生过敏反应的案例少有记录。因此，总体来讲，食用大豆对人畜无不良影响。

成熟大豆种子不具有休眠特性,且对低温敏感,落入土壤中的种子在北方地区出苗后很少能从一个季节越冬后,存活到下一个季节。在适宜的温度、水分条件下,大豆种子能迅速发芽,形成自生苗,但自生苗在当年的秋冬季节冻死,即使存留到下一个季节,自生苗也很难与后续作物进行竞争。大豆不具备任何一般杂草所具有的特性,如种子在土壤中长期存在的能力、种子扩散传播能力、入侵能力、在新的或多样化的环境中成为优势物种的能力或与其他植物竞争的能力。因此大豆作为受体植物本身不具有杂草化倾向。

3. 受体植物的生态环境

除了某些较寒冷的地区,如内蒙古、甘肃、青海和新疆等地和四川西部的某些高原地区之外,我国各地都能种植大豆,种植区域主要集中在东北、黄淮和长江的中下游地区,主产地为黑龙江、吉林、辽宁、河北、山东、河南、江苏和安徽等。根据地理位置和生态环境,大豆种植区划可划分为5个大区、10个亚区,品种资源共16个熟期组类型。大豆在中国已种植了数千年,没有证据表明种植大豆存在风险,对生态环境也未发现不利影响。另一方面,大豆和能"固定"大气氮的根瘤菌形成共生关系,可以增加土壤中的可利用氮,有利于改善土壤肥力。

4. 受体植物的遗传变异

大豆是稳定的二倍体,具有严格的自花授粉特性,因此,遗传稳定性好。在大豆进化的历史长河中,一些自然发生的遗传变异导致其产生了一些抗营养因子(如植酸、外源凝聚素、胰蛋白酶抑制剂)或改变了这些抗营养因子的含量;同时大豆还含有一些致敏蛋白,可引起敏感人群和动物发生不良胃反应和皮炎等过敏反应。大豆基因组高度稳定,抗营养因子或者致敏蛋白都不会自发地出现根本性的变化,而且育种家也正在通过创造人工变异来改良这些不利性状,因此,其对人类健康或生态环境不会产生不利影响。

*Soja*亚属内物种间的杂交研究结果表明,*G. soja*和*G. max*有相同的染色体数目(2*n*=40)和基因组定义,不存在杂交障碍,杂交种子可以正常萌发,后代种子可育。但是,*G.max*同多年生野生种*Glycine*基因组不同,种间杂交产生可育后代能力极低。目前,无证据表明大豆在自然条件下能与其他生物(如微生物)进行遗传物质交换。

5.受体植物的监测方法和监控的可能性

大豆植株生物学特征明显,利用肉眼容易同其他植物和亲缘物种区分开来。如果要控制受体自生苗,可人工和机械除去,也可用除草剂如草甘膦、草铵膦、麦草畏、2甲4氯、二氯吡啶酸等杀除。

二、基因操作对受体生物安全等级的影响

基因操作对受体生物安全等级的影响分为3种类型:Ⅰ.增加受体生物的安全性;Ⅱ.不影响受体生物的安全性;Ⅲ.降低受体生物的安全性。

转基因耐除草剂大豆GTS40-3-2是通过农杆菌介导向受体常规大豆品种A5403中导入*cp4-epsps*基因得到的,该插入片段可以表达完整的全长CP4-EPSPS蛋白,从而使GTS40-3-2对草甘膦具有耐受性。至今没有报道表明农杆菌对人类、动物具有致病性,也无证据表明供体生物以及来源于供体的特定遗传物质对动物、人类具有致病性。

用于该大豆转化的PV-GMGT04质粒载体中插入区域各片段对动植物和人类均不具备致病性。根据Southern杂交、聚合酶链式反应(polymerase chain reaction,PCR)分析、蛋白表达数据以及后代分离模式等表明基因组中来源于PV-GMGT04质粒的*cp4-epsps*基因已稳定地整合到植物染色体中,

在后代中表达稳定。该转化体大豆是借助基因枪转化法得到的,通过将插入两端侧翼序列与大豆受体基因组进行比较,可证实在转化时没有发生大豆植物基因组序列删除。GTS40-3-2中不含有标记基因和报告基因等。

由此看出,培育GTS40-3-2大豆所采用的基因操作只是改变了受体生物的基因型(插入了耐除草剂基因)和表型(比受体耐受除草剂草甘膦),但对人类健康和生态环境没有不利影响,即没有改变受体生物的安全性。根据《农业转基因生物安全评价管理办法》第二章第十二条的相关标准,用于该转化体的基因操作方法属于类型Ⅱ,即不影响受体生物的安全性。

三、转基因植物的安全性

转基因大豆GTS40-3-2转入的基因 *cp4-epsps* 及性状能稳定遗传;GTS40-3-2没有因为产生CP4-EPSPS蛋白而改变生殖方式和生殖率;与受体相比,异交率、种子休眠期、生存竞争能力、杂草化倾向、对环境生物的影响等无差别;用于转化的表达质粒上不带有任何可用于整合到基因组中的Ti质粒特性序列;外源插入序列整合到受体大豆基因组中之后,由于缺少边界序列的帮助,整合的DNA除了有性杂交之外,几乎没有转移到其他植物里的可能性。

过去大量科学研究数据以及20多年商业化应用经验表明,GTS40-3-2转基因大豆对人类和动物健康以及对生态环境的安全性无不利影响,与常规大豆受体亦无差异。参照《农业转基因生物安全评价管理办法》第二章第十三条有关标准划分转基因植物的安全等级划分"安全等级为Ⅰ的受体生物,经类型Ⅰ或类型Ⅱ的基因操作而得到的转基因生物,其安全等级仍为Ⅰ"。GTS40-3-2为采用安全等级为Ⅰ的常规大豆品种为受体并经类型Ⅱ的转化方法转化后获得的,转基因大豆属于安全等级Ⅰ。

后续章节将重点介绍转基因大豆的环境安全和食品安全性。

四、转基因植物产品的安全性

农业转基因产品的生产、加工活动对转基因生物安全等级的影响分为3种类型。

类型1：增加转基因生物的安全性。

类型2：不影响转基因生物的安全性。

类型3：降低转基因生物的安全性。

1. 生产、加工活动对转基因植物安全性的影响

研究数据表明，GTS40-3-2大豆中所含的营养成分和抗营养因子实质等同于常规大豆。大豆供人类和动物食用之前一般需要进行加工，加工过程包括加热处理，大豆加工过程不会增加GTS40-3-2大豆对人类和动物健康为害或潜在危害，相反还可以去除一些抗营养因子，增加其安全性。此外，大豆加工过程中的加热处理还可以使CP4-EPSPS蛋白变性失活，不会增加GTS40-3-2大豆安全性方面的问题。CP4-EPSPS蛋白不具有致敏性和毒理学特性。因此，即使经过生产和加工活动，GTS40-3-2的产品对人类健康和环境的安全性还会与常规大豆产品实质等同。

2. 转基因植物产品的稳定性

大豆的加工产品主要为豆油、豆腐、豆粉、蛋白质、磷脂及其加工品。耐草甘膦大豆GTS40-3-2与常规大豆相比，唯一的差异就是引入的新蛋白CP4-EPSPS，除此之外与常规大豆品种A5403没有区别。CP4-EPSPS蛋白对热处理不稳定，在加工后的大豆产品中已很难检测到，不会影响产品本身的稳定性。

3. 转基因植物产品与转基因植物在环境安全性方面的差异

耐草甘膦大豆GTS40-3-2除了对草甘膦具有耐受性，与受体大豆在表现型特性、农艺性状和环境影响方面无差异。对GTS40-3-2中插入片段的分子特征分析、对CP4-EPSPS蛋白特性和安全性评价以及GTS40-3-2与常规大豆的组成成分实质等同性分析也表明，引入的抗草甘膦性状不会改变GTS40-3-2的安全性。因此，GTS40-3-2与常规大豆一样，不会对环境产生不利影响。

4. 转基因植物产品与转基因植物在对人类健康影响方面的差异

GTS40-3-2及其来源食品和饲料在安全性和营养成分方面与常规大豆实质等同，对人类和动物是安全的。因此，GTS40-3-2大豆来源的产品与常规品种相比预期不会对人体健康产生额外的风险。

（1）营养学评价

GTS40-3-2和对照大豆在组成成分上具有实质等同性。GTS40-3-2与对照大豆的抗营养因子的含量基本一致。

（2）毒理学评价

GTS40-3-2表达的CP4-EPSPS蛋白属于EPSPS蛋白家族，与目前商业化的多种耐草甘膦产品中的CP4-EPSPS蛋白相同，具有长期的安全使用历史；利用毒素数据库进行的生物信息学分析表明，CP4-EPSPS蛋白同已知的对哺乳动物有害的毒素蛋白没有氨基酸序列相似性；CP4-EPSPS蛋白在模拟胃液中能迅速被消化，对热处理也不稳定。小鼠急性口服毒性研究证明CP4-EPSPS蛋白不具有急性毒性。溶液对照组或蛋白对照组与CP4-EPSPS蛋白实验组之间在鼠体重、体重增加数或食物消耗方面没有统计学显著性差异；在最大灌胃剂量为572mg/kg的不同剂量处理组中均未观察到任何与处理相关的不良效应。将GTS40-3-2以30%的掺入量掺入饲料中喂养大鼠90天，结果表明大鼠活动、生长未见异常，动物被毛浓密有光泽。饲喂GTS40-3-2与亲本大豆A5403和普通对照组比较，未发现对大鼠体重、食物利用率、血液学指标、血生化指标、脏体比以及组织病理学有任何有生物学意义的改变。

（3）致敏性评价

CP4-EPSPS蛋白来源于农杆菌CP4菌株，农杆菌一般对人类或动物不具有致病性和致敏性；CP4-EPSPS蛋白为EPSPS蛋白家族成员，广泛存在于植物和微生物来源的食物和饲料中，GTS40-3-2表达的CP4-EPSPS蛋白也与其他多种已经商业化的耐草甘膦作物中的CP4-EPSPS蛋白相同，具有长期安全应用历史；且CP4-EPSPS蛋白在GTS40-3-2籽粒全蛋白中只占约0.08%，人类或哺乳动物摄入GTS40-3-2大豆而接触到的CP4-EPSPS蛋白的水平很低；利用致敏原数据库进行生物信息学分析发现，CP4-EPSPS蛋白氨基酸序列同已知的致敏原（如醇溶蛋白或谷蛋白）氨基酸序列之间无结构和序列相似性；CP4-EPSPS蛋白可在模拟胃液里迅速消化且对热处理不稳定。以上证据都表明CP4-EPSPS蛋白不具有致敏性。

（4）抗生素抗性

GTS40-3-2不含任何抗生素抗性标记基因。分子特性分析也证实转化质粒骨架序列没有整合到GTS40-3-2的基因组中。因此GTS40-3-2不具抗生素抗性。

参照《农业转基因生物安全评价管理办法》第二章第十四条的有关标准划分转基因植物产品的安全等级，目前大豆所采用的加工方法不会影响大豆产品的安全性，加工方法对产品安全性影响的安全等级应该属于类型2。本项目的转化受体的安全等级为Ⅰ。因此，根据《农业转基因生物安全评价管理办法》第二章第十四条的规定，GTS40-3-2转基因大豆的产品的安全等级为Ⅰ。

转基因生物风险是世界范围热议焦点。尤其是转入的基因看不见摸不着，容易引起公众猜疑、恐慌，甚至把转基因妖魔化。

在发达国家转基因大豆研发伊始，部分公众也由于生物安全问题而对现代生物技术持疑虑、恐惧甚至反对的态度。当时，一些从事基因工程研究的实验室或试验田被毁坏，民众时常发起反对基因工程技术的游行集会，消费者拒绝购买和使用基因工程产品等。但随着科学数据的积累，在转基因大豆种植和消费20多年后,公众已经消除了最初食用转基因大豆的恐慌情绪,GTS40-3-2作为直接食用或用作加工原料生产的转基因大豆油、豆制品等已在全球包括美洲、欧洲、大洋洲、亚洲、非洲等25个国家和地区消费,直接饲用或加工产品在20个国家和地区消费,GTS40-3-2也已经在全球的12个国家实现田间大面积种植。

我国政府对转基因作物的商业化利用持积极而谨慎的态度,既充分肯定转基因技术对农业生产力的巨大推动作用,积极支持和推进转基因生物的研发利用,也充分考虑转基因作物的种植对生态环境及人类健康可能带来的潜在风险,高度重视转基因作物的安全性评价。经过科学、完善的安全性评价,GTS40-3-2及其他转基因大豆品种及产品也被我国作为加工原料从国外进口。进口的转基因大豆品质优、出油率高、效益好。据专家测算,当前转基因大豆加工成豆油的总成本比非转基因国产大豆每吨低300元左右。我国近年的大豆播种面积在1.2亿亩左右,国内产量难以满足我国对大豆的需求,如果自给自足,则要牺牲掉同等面积的水稻、小麦、玉米等高产作物。

我国政府十分重视转基因生物安全管理,依据《农业转基因生物安全管理条例》及其相关办法对进口转基因大豆进行了严格的安全性评价,获得进口安全证书的大豆及其产品安全性具有可靠的保障。

第五章 转基因大豆的环境安全性评价

生物安全和生物技术相伴而生，生物技术的发展对生物安全管理提出了更高要求，科学评价和安全管理是生物技术发展的保障。基因工程研究是一个新领域，研发开始时的科技水平还难以完全准确地预测转入基因在受体生物遗传背景中的全部表现，人们对于转基因生物出现的新组合、新性状及其潜在危险性还缺乏足够的预见能力。因此，必须采取一系列严格措施，对转基因生物从实验研究到商品化种植进行全程安全性评价和监控管理，在发展农业生物基因工程技术的同时，保障人类和环境的安全。

我国非常重视转基因生物的安全性。在《农业转基因生物安全管理条例》和《农业转基因生物安全评价管理办法》的基础上，制定了《转基因植物安全评价指南》，规定了转基因植物安全性评价的内容、转基因植物试验方案及转基因植物田间试验各阶段要求。2003年，农业部发布行业标准《转基因大豆环境安全检测技术规范》，对转基因大豆生存竞争能力、外源基因漂移的生态风险和转基因大豆对生物多样性影响的检测进行了规范性技术要求。2013年，农业部发布《转基因植物及其产品环境安全检测耐除草剂大豆》的4项国家标准，包括除草剂耐受性、生存竞争能力、外源基因漂移和生物多样性影响，规定了转基因耐除草剂大豆环境安全评价的检测方法。

我国在转基因大豆环境安全评价方面，已经建立了既与国际接轨又符合我国现状及国情的完善的评价技术体系，为转基因大豆进口用作加工原料和品种的自主研发与推广提供了技术支撑。目前，我国尚无转基因大豆种植，进口用作加工原料的转基因大豆在取得安全证书之前均经过了严格的环境安全评价，而在转基因大豆新品种研发上，也严格遵守了《转基因植物安全评价指南》的要求。

第一节　转基因大豆环境安全评价的内容

环境安全性评价是转基因大豆安全评价的重要组成部分。环境安全性评价的内容如下（图5-1）。

图5-1　转基因大豆环境安全评价内容

第五章 转基因大豆的环境安全性评价

一、转基因大豆的功能效率

评价转基因大豆转入性状的功能效率，如转入耐除草剂目的基因后大豆对目标除草剂的耐受性，转入抗虫基因后的抗虫性，转入抗旱基因后的抗干旱性，以及大豆产量与品质改良的基因是否增产、优质等。

二、转基因大豆的生存竞争能力

评价转基因大豆与杂草、当地常规大豆及受体的竞争能力差异，明确其是否有杂草化的可能性。

三、外源基因漂移风险与环境影响

评价转基因大豆与其受体大豆或当地常规大豆、野生近缘种或其他非转基因近缘种植物的可交配性及后代的适合度；评价转基因大豆中的外源基因向近缘种或者野生种传播的可能性。

四、转基因大豆对非靶标生物的影响

评价转基因大豆是否影响生境中的其他生物生存，尤其是抗虫大豆是否对相关非靶标植食性生物、有益生物（如天敌昆虫、资源昆虫和传粉昆虫等）、受保护的物种等其他非靶标生物的潜在影响。

五、转基因大豆对大豆生态系统群落结构和生物多样性的影响

评价转基因大豆对相关动物群落、植物群落和微生物群落结构和多样

性的影响，以及转基因植物生态系统下病虫草害等有害生物演替的风险。

六、其他

如耐除草剂大豆长期使用目标除草剂对农田杂草群落的影响，对土壤结构、土壤微生物等的影响。

第二节 转基因大豆的功能效率评价

功能效率是指大豆转入目标基因（耐除草剂、抗虫、抗旱和品质改良等）后，转入的目的基因及其目标性状的表现情况，它是目标蛋白与受体大豆综合作用的结果，如大豆耐除草剂草甘膦的抗性倍数、抗虫性强弱、耐旱性等级。功能效率评价一般通过转基因品种与受体品种在目标性状上进行比较，如两者对除草剂耐受程度、抗虫性差异等，从而评估转入的外源目的基因是否得到了有效的表达，以明确转入耐除草剂目的基因后大豆对目标除草剂的耐受性程度，转入抗虫基因后的抗虫性，转入抗旱基因后的抗干旱性，以及转入大豆产量与品质改良基因后是否增产、提质等。

一、除草剂耐受性评价

除草剂耐受性是转基因大豆的重要目标性状。首例商业化的转基因作物就是耐除草剂草甘膦大豆，从1996年在美国商业化种植至今，耐除草剂大豆推广迅速，耐除草剂转化体已经占转基因大豆的88.1%，主要涉及的耐受基因包括耐草甘膦（*cp4-epsps*、*2mepsps*、*gat4601*，*goxv247*等）、耐草铵膦（*pat*、*bar*）、耐磺酰脲类（*csr1-2*、*gm-hra*）、耐2,4-滴（*aad-12*）、耐麦草畏（*dmo*）、耐硝磺草酮（*avhppd-03*）、耐异噁唑草酮

（*hppdPF W336*）等。因除草剂草甘膦杀草谱宽泛、对后茬作物安全、使用方便、成本低廉，各国推广的耐除草剂大豆以耐受草甘膦为主，其他耐除草剂基因作为辅助叠加性状的补充。

除草剂耐受性评价可以在田间进行（图5-2），也可以在网室盆栽或半田间条件进行。田间试验设置小区净面积不小于20m^2，4次重复。小区间设有1.0m以上隔离带，防止除草剂漂移影响小区评价结果。按当地春大豆或夏大豆常规播种时间、播种方式和播种量进行播种。播种后按当地常规栽培方式进行田间管理。

田间小区喷施草甘膦

受体大豆

耐草甘膦大豆

喷施草甘膦4周后

图5-2　转基因耐草甘膦大豆对草甘膦耐受性试验

喷施目标除草剂的处理：转基因耐除草剂大豆喷清水；转基因耐除草剂大豆喷施目标除草剂；对应的受体大豆喷清水；对应的受体大豆喷施目标除草剂。所用除草剂的施用剂量：农药登记推荐剂量的中剂量、中剂量的2倍量、中剂量的4倍量。用药时间：按耐除草剂大豆推荐时间施用。调查方法：分别在喷施除草剂后1周、2周和4周，调查和记录转基因大豆和受体大豆植株成活率，喷施除草剂2周和4周后随机选取一定植株数量调查和记录大豆株高和药害症状。按照表5-1的通用分级标准对受试转基因大豆和受体大豆的除草剂药害症状分级，据此计算受害率。通过比较不同处理的转基因耐除草剂大豆和对应的受体大豆在成活率和除草剂受害率方面的差异，评价转化体对目标除草剂的耐受水平。图5-3是草甘膦作为目标除草剂的转基因大豆功能效率评价症状参考。

表5-1　除草剂药害症状分级标准

药害级别	症状描述
0级	大豆生长正常，无任何受害症状；与人工除草区一致
1级	大豆微见药害，新叶发黄或药害斑点占叶面积10%以下，恢复快，对产量无影响
2级	大豆轻度生长抑制或失绿，药害斑点面积1/4以下，能恢复，推测减产率0～5%
3级	大豆中等药害，对生长发育影响大，植株矮化或叶片畸形或叶片药害斑点面积1/2以下，恢复慢，推测减产率6%～15%
4级	大豆药害较重，对生长发育影响大，植株矮化或叶片畸形或叶片药害斑点面积3/4以下；难以恢复，推测减产率16%～30%
5级	大豆药害严重，对生长发育影响很大，植株矮化或叶片畸形或叶片药害斑点面积3/4以上；不能恢复，推测严重减产或绝产

图5-3　转基因耐草甘膦大豆对草甘膦耐受性分级示意图

第五章 转基因大豆的环境安全性评价

除草剂作用靶标及结构不同,喷施后大豆的症状表现有区别;不同转化体之间对同一种除草剂的耐受性也有差别。主要除草剂对非转基因大豆受体的药害症状描述如下。草甘膦是EPSP抑制剂,为内吸传导型除草剂,施药后不耐受草甘膦的受体首先在大豆顶端生长点部位心叶发黄,进而下部叶片逐渐黄化,最终死亡;视植株叶龄和环境温度、土壤墒情等的不同,喷药到死亡一般需要7~14天。草铵膦为膦酸类除草剂,属于触杀型,传导性较差,其药害症状为接触性药害斑块,喷药到死亡一般需要3~5天。磺酰脲类除草剂抑制大豆乙酰乳酸合成酶(ALS)活性,为内吸传导型除草剂,喷药后植株停止生长,几日后心叶黄化,随着时间推移叶片呈红黄色,进而变成紫红色和紫褐色,最终死亡。2,4-滴和麦草畏是合成激素类除草剂,施药后大豆3日内表现茎叶及生长点扭曲、叶柄翻转,15~20天大豆死亡。硝磺草酮是对羟基苯基丙酮酸双氧化酶(HPPD)抑制剂,施药后大豆叶片出现白化症状,白化从心叶开始,白化叶片逐渐变成褐色,随着时间推移10~15日植物死亡。异噁唑草酮为原卟啉原氧化酶(PPO)类抑制剂,施药后大豆叶片黄化,进而部分白化,最终死亡。育种家培育耐除草剂大豆,希望得到在除草剂的4倍推荐剂量中量(推荐剂量即为田间杀草的剂量)下,大豆100%存活并生长发育良好,在长势、长相和结实性能方面不低于受体对照品种的大豆材料,但由于转入的基因种类、构造、插入位点、拷贝数及转化手段与方法等的不同,会导致性状表达方面的差异。

关于功能效率评价除草剂剂量的设计,我国的评价标准除了参考国外同类研究的报道外,也参考了《农药田间药效试验准则(二)除草剂防治大豆田杂草》(GB/T 19780.125—2004)的除草剂剂量进行设计,试验设计了标签推荐剂量中量和标签推荐剂量中量的2倍量。同时,结合我国除草剂使用现状,即农民背负式喷雾器的局部大剂量喷施,将除草剂耐受性功能效率鉴定试验最高剂量设计为标签推荐剂量中量的4倍量,与农药药效试验作物安全性评价的除草剂剂量相比执行了更严格的标准。该内容同样适用于对耐除草剂大豆商业化种植时种子审定前的耐受性鉴定。

二、抗虫性及其他性状的功能效率评价

大豆地上部害虫主要分为取食叶片的害虫和蛀荚型害虫两类。就转入 Bt 基因的抗虫大豆而言，对蛀荚型和食叶性两类鳞翅目害虫有不同的评价方法和标准。抗虫性评价可以在田间进行，也可以在半田间条件（罩笼试验）、网室盆栽或室内进行。

室内试验主要是通过人工接虫方法鉴别抗虫转基因大豆对靶标害虫抗性水平，评价抗虫转基因大豆在可控条件下的抗虫效果。室内饲养的害虫幼虫接种后，根据幼虫重、幼虫发育历期、幼虫死亡率、蛹重等指标来鉴定不同大豆材料对害虫的抗/感性。如对食叶害虫（斜纹夜蛾、黏虫等）可以采用直接取大豆离体叶片人工接虫（图5-4a），也可以在植株上人工接虫（图5-4b），通过统计叶片上的害虫数量、害虫的体重变化、被取食的大豆叶片面积等数据进行抗性分级。蛀荚型害虫主要通过蛀荚取食豆粒的为害方式影响大豆产量。这类害虫有大豆食心虫、豆荚螟等，它们的鉴定方法是通过计算虫食率进行抗性分级。以大豆食心虫为例，对大豆食心虫可以采用培养皿滤纸法检测大豆籽粒对大豆食心虫的抗性，选取转基因大豆和非转基因大豆相同数量籽粒，浸泡催芽后分别置于铺有滤纸的培养皿左右两侧，在培养皿中心接种一定数量的大豆食心虫幼虫，观察记录大豆籽粒的虫蛀情况，根据大豆籽粒的发芽及受害情况划分其抗虫性的强弱。

抗虫性评价也可以采用田间试验。如田间自然虫源鉴定和网室、温室人工接虫鉴定等。食叶性害虫抗性一般以大豆叶面积损失百分率为指标鉴定。在田间条件下调查食叶性害虫为害大豆后对大豆叶片的损伤情况，从而判断大豆对食叶性害虫的抗/感性。田间条件下对抗虫性进行功效评价，容易受气候和其他环境条件影响，昆虫的移动性也容易造成评价误差。而在半田间温室（如图5-4c）进行试验可避免降雨、低温等对试验的影响和干扰。进行转Bt基因抗虫性功效评价时，需在同样条件下种植转基因大豆和非转基因大豆，而且不加任何人为干扰（不能多次在田间行走、不能喷施

杀虫剂、不允许食虫动物进入等）。在靶标害虫不同发生世代的高峰期对转基因大豆和非转基因大豆等量植株的靶标害虫数量、大豆叶片被取食情况、大豆籽粒虫蛀情况（大豆食心虫为害）等进行调查，比较转基因大豆和非转基因大豆害虫数量、叶片为害情况、籽粒受害情况等，评价其抗虫效率。

a.离体叶片；b.盆栽活体植株罩笼试验；c.大面积罩笼试验

图5-4 美国对食叶性害虫的抗虫性评价试验

（数据来源：Ortega等，2016）

食叶性害虫可以根据被害虫取食的大豆叶片面积进行抗虫性分级。

0级：叶片无咬食。

1级：虫食面积在1/4以内。

3级：虫食面积1/4～1/2。

5级：虫食面积1/2～3/4。

7级：虫食面积在3/4以上。

据此，计算叶片的感虫指数（IF），并按照感虫指数进行分级：$0 \leqslant IF < 20$ 为高抗（HR）；$20 \leqslant IF < 40$ 为抗（R）；$40 \leqslant IF < 50$ 为中抗（MR）；$50 \leqslant IF < 60$ 为中感（MS）；$60 \leqslant IF < 90$ 为感（S）；$90 \leqslant IF < 100$ 为高感（HS）。大豆食心虫的抗性分级主要根据蛀食率，鉴定方法及

标准为：虫食率0%~2%为高抗（HR）；虫食率2%~4%为抗（R）；虫食率4%~6%为中抗（MR）；虫食率6%~10%为感虫（S）；虫食率10%~100%为高感（HS）。

为评价抗虫蛋白表达在大豆不同生育期的稳定性，需要在大豆生长的不同时期进行接虫和取样，如种子、V3~V5，R1~R5等生育时期，试虫也需要接种不同的虫龄进行比较和观察。

目前商品化的单一性状的抗虫转基因大豆有2个，MON87701和MON87751，均转入 *Bt* 基因。Bt（苏云金芽孢杆菌）是对鳞翅目等多种害虫具有高毒杀作用的微生物。在它的芽孢期，能够产生使特定昆虫致死的杀虫晶体蛋白，*Bt* 大豆导致鳞翅目害虫取食后死亡，保证了大豆稳产和减少了杀虫剂用量。因此，抗虫性的功能效率评价既要考量导入的抗虫基因是否对目标害虫（鳞翅目害虫）产生了杀除作用，又要考量抗虫程度。

从试验结果看，目前商业化的转基因抗虫大豆对大部分鳞翅目靶标害虫有很好的抗性。中国农业科学院植物保护研究所采用离体叶片生物测定的方法，选择3片三出复叶期的 *Bt* 抗虫大豆接种不同幼虫虫龄的斜纹夜蛾、棉铃虫等鳞翅目靶标害虫，研究了MON87701（*Bt*）和MON87701RR2Y（*Bt* 和 *epsp*）两个抗虫大豆材料花前、花中、花后的抗虫效率，采用酶联免疫吸附法（enzyme linked immunosorbent assay，ELISA）检测了大豆叶片中Cry1Ac的表达。发现抗虫蛋白在两个转基因大豆品种的生长期内表达相对稳定，在开花前和开花后表达都比较高，而在开花期表达量相对较低（图5-5）。两个转基因大豆品系在整个大豆生长季节均表现高抗棉铃虫性，取食转基因大豆叶片后棉铃虫幼虫的存活率为5.4%~24.4%，而其取食受体大豆叶片后存活率高达71.1%~94.9%。与受体大豆比较，斜纹夜蛾幼虫取食两个转基因大豆品系后存活率、体重和雌性生殖力显著下降。相比之下，两个转基因大豆品系对甜菜夜蛾和小地老虎的抗性较差。田间试验也证实，抗虫大豆对靶标害虫有较高的抗性，叶片几乎没有被鳞翅目害虫为害，而常规大豆品种则受虫害较重（图5-6）。

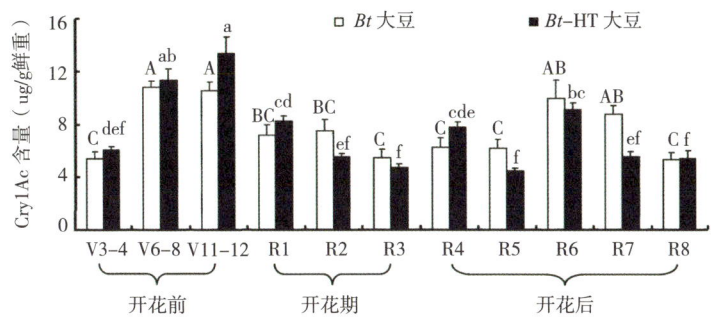

图5-5 MON87701和MON87701RR2Y不同时期的抗虫蛋白含量变化

图中大写和小写字母分别表示处理之间在0.01和0.05水平的差异显著性，相同字母表示差异不显著。

图5-6 MON87701（左侧）和常规品种中黄13（右侧）抗虫性状比较

其他性状转基因大豆功能效率评价也有其特定的方法和技术。如品质改良大豆MON87769的功能效率评价主要采用仪器分析方法，对其籽粒的十八碳四烯酸（SDA）等含量进行测定，比较转基因大豆和受体大豆相关指标的差别。抗旱转基因大豆HB4功能效率评价主要通过不同程度的干旱胁迫处理，比较转基因大豆和受体大豆的抗旱表现及生长情况。调节生长的转基因大豆MON87712通过比较转基因大豆和受体大豆营养生长和生殖生长期长短，来评价转基因的功能效率。

第三节　转基因大豆的生存竞争能力评价

生存竞争是指同种或异种生物个体间通过竞争性获取环境生存因子，来维持个体生存和种族繁衍的自然现象。转基因大豆的生存竞争能力评价包括荒地生境条件下转基因大豆与杂草及受体大豆竞争能力的比较，常规栽培条件下转基因大豆与其受体及当地常规栽培大豆品种竞争能力的比较。

植物竞争能力的强弱是判断植物适应性和入侵性的主要因子。竞争能力强的植物较易在栖息地占据生存空间，并能够入侵和改变其他植物的栖息地。通过测定不同大豆品种（转基因与非转基因）在同一生长环境中的萌发、生长、繁殖情况，判断转基因大豆与受体品种和当地常规品种相比是否具有更强的竞争能力，从而评估转基因大豆杂草化的潜力。另外，通过转基因作物与同一生境中杂草生存竞争的研究，评估其在田间的生态适应性及杂草化倾向。生存竞争能力包含的内容有种子发芽率、出苗率、生长势、结实率、繁育系数等与竞争能力有关的指标；杂草化潜力表征参数为落粒性、种子休眠性、自生苗等。

生存竞争评估以田间试验为主，试验地选择两种类型即自然环境生态和农田生态中进行。作为进口用作加工原料的转基因大豆，在进境口岸、运输和加工前大豆种子有可能散落在荒地（如港口、铁路、公路两侧、加工厂等）；作为育种家研发出用于栽培的大豆，其生存竞争能力相对于受体大豆可能发生改变。不论哪种情况，一旦其竞争能力增强，入侵性提高，将带来生态风险。因此，环境安全评价中对转基因大豆的生存竞争能力评价既考量荒地条件竞争能力，也评判常规栽培条件的竞争能力。试验中不但研究转基因转化体和相应的受体（非转基因大豆）在竞争能力上的差别，也研究其与荒地生长的杂草的竞争能力差别，以评价不同生境中转基因大豆是否有杂草化倾向。

一、荒地生存竞争能力

这类试验要求在非耕地自然环境条件下进行。主要考虑大豆种子在运输、加工等环节中，有可能散落在荒地自然生境。通过在荒地条件下转基因大豆与受体大豆（非转基因大豆）及当地推广的常规大豆出苗率、长势和繁殖能力比较，评价转基因大豆的生存竞争能力是否改变。评价指标为出苗率、长势（株高、叶片数、覆盖度）、植株存活率、繁育系数、种子落粒性、自生苗产生率和种子自然延续能力。除了与受体大豆及当地非转基因大豆比较以外，转基因大豆还与同一生境中生长的杂草长势进行比较，杂草的考量指标为种类、株数、优势群落高度、相对覆盖度等。在荒地条件下出苗多、成活率高、植株生长迅速、繁殖系数高、落粒性强、自生苗产生多的大豆会占据栖息地生长和繁殖上的优势，表明其竞争能力强。通过荒地条件下转基因大豆与受体大豆上述竞争能力比较，对转入目的基因后是否改变了大豆的竞争能力做出评价。在与杂草竞争能力比较方面，因杂草在自然界长期存在，已经具备了适应荒地的生存能力（抗旱、耐寒、耐贫瘠、抗病虫等），不加任何人为干扰的情况下杂草生长应好于大豆。一旦转基因大豆表现出与杂草竞争能力增强（出苗率高、长势好、繁殖系数大、种子休眠性增强等），则有杂草化风险，也有可能影响周围杂草种群结构。

转基因大豆荒地竞争试验采用4次分期播种（一般选择4月至7月），

方式分为地表撒播和按当地常规栽培方式播种。在大豆播种前，确定播种小区样方，调查样方内杂草种类、株数、优势群落高度及相对覆盖度。大豆播种后30天开始调查，至大豆成熟，每月调查一次样方内杂草种类、株数、优势群落高度及相对覆盖度；同时调查全小区大豆株数、株高及相对覆盖度。大豆完熟期，每小区随机取样，测大豆单株粒数。同时，对小区内大豆植株随机标定，测单株落粒数，计算植株落粒率。大豆成熟后，不收获种子，让种子自由散落于田间，翌年大豆出苗旺盛期后一个月内调查小区内大豆出苗数，计算自生苗产生的比例。根据调查获得的转基因大豆、受体大豆、当地常规大豆上述参数的比较，评价转基因大豆的竞争力，分析其杂草化风险。图5-7即为荒地竞争评价的试验田，图5-8为荒地环境下转基因大豆生存竞争能力评价流程。

图5-7 大豆荒地生存竞争试验田

就目前商业化和取得安全证书的转基因大豆而言，除了转入耐受性基因及抗性目的基因的大豆对目标除草剂和靶标害虫的抗性增强以外（这是转基因的目的），没有发现转入基因后大豆的荒地竞争能力增强。在荒地生境，大豆撒播基本不出苗，个别种子出苗以后，因缺水、缺肥和杂草覆盖等原因，长势较差，有的植株不结实，有的结实率很低；荒地采用常规方式播种的转基因大豆，也由于生境不利于大豆生长而有利于杂草发生与繁殖，出苗后植株矮小，开花、结实较少，与杂草相比没有竞争优势。

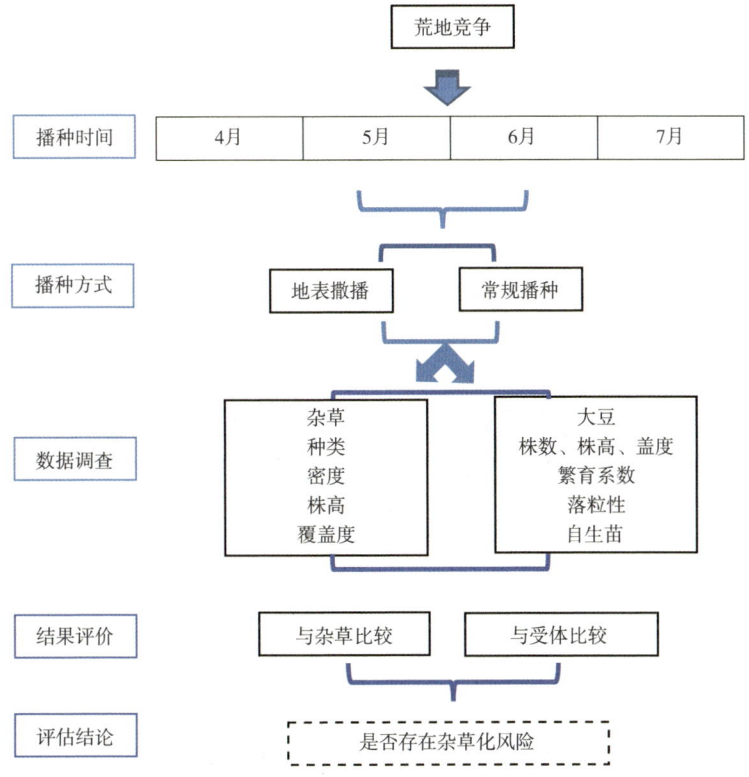

图5-8 荒地生境下转基因大豆生存竞争能力评价流程

中国农业科学院植物保护研究所研究了转基因大豆FG72（耐草甘膦和异噁唑草酮）的荒地生存竞争能力。发现大豆撒播处理出苗很少，其中第一期至第三期播种的大豆撒播处理未出苗，第四期撒播处理由于播种之前降雨较多，土壤表面潮湿，有部分种子出苗；常规方式播种的处理，虽然出苗率较高，但由于杂草的影响和水分、养分、光照等因子缺乏，大豆出苗后生长势较差，成活率不高，能成活的植株群体构建缓慢。因此，在播种后1~3个月调查时，无论是大豆株高还是复叶数均小于常规栽培。大豆全生长期内均处于植物群落的下层，覆盖度也不如杂草大。试验小区内，狗尾草、马唐、牛筋草、苍耳等杂草生长茂盛、株高90~100cm，密度高、竞争力强，生长旺盛期杂草株数达500株/m^2以上，严重影响已经出苗大豆的生长（图5-9）。FG72与受体大豆Jack相比，竞争性无差别。4个播种时期两个供试材料株高、叶片数及覆盖度差异均不显著，和当地常规非转基因大豆中黄13相比，FG72的竞争性稍差，主要表现在其群体的冠层构建不如中黄13快，各时期播种的FG72盖度均小于中黄13。表明FG72竞争性与受体Jack无差别，明显低于狗尾草、马唐、牛筋草、苍耳等田间杂草，FG72竞争性也不如当地栽培种中黄13强。

图5-9　转基因大豆FG72在荒地常规播种方式下生长及结实表现

对我国自主研发的转*g10-epsp*基因耐草甘膦大豆SHZD32-01荒地生存竞争能力研究表明，在地表撒播情况下，该转基因大豆与对照大豆品种中豆32、皖豆28的存活率、株高、覆盖度无显著差异，因此，与受体材料和主栽品种相比，SHZD32-01转入了*g10-epsp*基因并未增加生存竞争优势，地表撒播成活率低，使转基因大豆在与杂草的竞争中处于明显劣势。在常规播种方式下，大豆出苗及成活率虽然有一定保证，但随着杂草在高温、高湿季节的茂盛生长及覆盖，大豆出苗及植株生长逐渐受到抑制。7—8月播种的大豆由于田间杂草较多，少有出苗。因此，常规播种方式下，转基因大豆与受体材料和主栽品种相比也未表现出生存竞争优势，亦无法与杂草竞争。因此，转基因大豆SHZD32-01不具备转化为威胁生态环境安全的杂草的能力。

二、栽培地生存竞争能力

这类试验要求在常规栽培地（农田生态类型）进行。主要通过比较田间栽培条件下转基因大豆与受体大豆及当地推广的常规大豆出苗率、长势和繁殖能力，评价转基因大豆在人工栽培条件下的生存竞争能力是否改变。

转基因大豆栽培地竞争试验按照当地常规播种方式（播种时间、播种量、播种深度）播种及管理。在大豆V3（三节期）调查全小区大豆出苗数，V3、V5（五节期）、R1（主茎任一节出现花朵）、R3（具完全展开叶的上部4个节中有一个豆荚长0.5cm）和R5（具完全展开叶的上部4个节中有一个豆荚开始鼓粒）每小区测10株大豆的株高和复叶数，目测全小区大豆覆盖度。R8（完熟期）每小区测10株大豆的繁殖系数。还需要测定种子落粒性和自生苗产生率。比较转基因大豆、受体大豆、当地常规大豆的上述参数，分析其在常规栽培条件下的竞争力。栽培地大豆竞争试验调查时间见图5-10。

就目前商业化和取得安全证书的转基因大豆而言，没有发现大豆转入外源基因后在田间栽培条件下有更强的竞争能力。

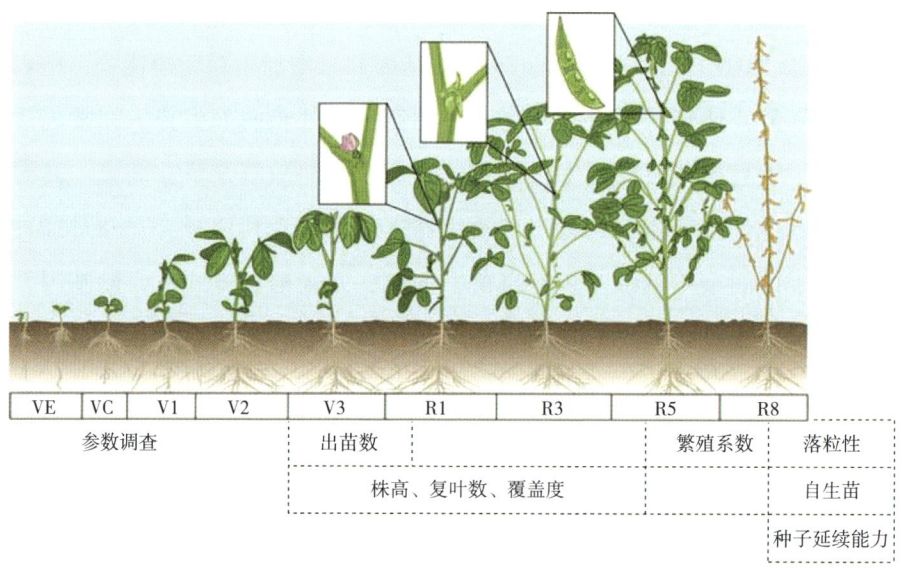

图5-10　农田生境下转基因大豆生存竞争能力调查

有学者在农田生态环境下比较了美国研发的MON87701RR2Y和MON87701两种转基因大豆、受体大豆和当地常规大豆的生存竞争力，包括出苗率、相对盖度、株高、复叶数、繁育能力（生育期、产量）、落粒性、自生苗和种子自然延续能力等指标。结果表明：在适宜季节播种的两种转基因大豆的生存竞争能力和繁育能力与受体大豆相当，且显著低于当地常规大豆，表现为植株较矮、复叶数少、繁殖系数低；在非适宜季节播种的两种转基因大豆与受体大豆和当地常规大豆竞争能力相似，上述大豆在南京种植均没有形成自生苗，落粒性都不强，并且种子的延续能力都很弱。表明在南京农田生态环境下，两种转基因大豆的生存竞争能力与受体大豆相似，低于当地常规大豆或与其相似，自身杂草化风险较小。对我国转$g2$-$epsps$和gat双价转基因耐草甘膦大豆材料GE-J16与受体材料Jack以及当地主栽品种中黄37在常规农田生境下的竞争能力的研究显示，不同生育时期的

3个大豆品种的株高、复叶数、田间覆盖度、繁育系数和落粒性均无显著差异,转基因大豆在栽培地没有竞争优势。

三、转基因大豆自生苗对生境的影响

作物收获时,部分种子会撒落于田间,后茬或来年出土,这些植物称为自生苗。从杂草的定义来讲,作物自生苗也属于杂草的范畴。自生苗影响后茬作物生长,但并不是转基因耐除草剂作物才会产生自生苗,常规作物品种也有同样的自生苗问题。作物种类不同,自生苗产生率及存活率有差异。相对来说,小麦、油菜、大豆等作物由于其种子易落粒、果实易开裂等固有的生物学特性,产生自生苗的概率远大于玉米、棉花等作物。

转基因作物自生苗的存活场所及存活与自我繁殖能力也是环境安全评价生存竞争的指标。目前商业化的转基因作物大多为一年生或越年生,自生苗很难越冬(如玉米、大豆、棉花)或越夏(如油菜、甜菜)而产生种子。大豆种子一般无休眠,如果种子落粒后温度、湿度条件适宜(如我国长江以南地区),大豆会很快发芽,产生自生苗(图5-11)。而大豆自生苗产生率也与其种子延续能力有关,延续能力较强的种子自生苗出苗较多。自生苗产生率及是否存在于农田环境以外的生境关系到转基因大豆是否有杂草化倾向。大量研究表明,转基因大豆本身产生自生苗的概率及其演化成杂草的可能性不比非转基因大豆强。如耐草甘膦大豆MON89788与其受体A3244相比,种子寿命、繁殖系数、自生苗产生率等无差别,在种子休眠、扩散、入侵农田以外的生境,变为野生优势种等杂草特性方面亦与其受体A3244无差别。我国对耐草甘膦大豆自生苗产生情况也进行了十几年研究,发现转基因大豆种子成熟前落粒很少,个别收获时落入土壤的大豆种子冬前自生苗出土后在热带地区能够越冬成活并结少量种子,而在北方地区则不能越冬。大豆种子自身在地表或地下20cm储藏半年内几乎丧失发芽能力,也不具备存在于农田以外的自然及半自然生境进行自我繁殖的风险。在连续种植耐草甘膦大豆时，下茬作物耐草甘膦自生苗可以通过喷施不同作用机理的其他除草剂有效杀除，或人为拔除，播种前后机械耕作及轮作等措施均可有效控制耐草甘膦大豆自生苗为害。因此耐草甘膦大豆不具有演化成杂草的能力。

图5-11　大豆落粒性及自生苗生长情况

第四节　外源基因漂移风险与环境影响评价

转基因作物与其受体及野生近缘种或其他非转基因近缘种植物的可交

第五章 转基因大豆的环境安全性评价

配性及后代适合度关系着转基因大豆转入的外源基因是否向近缘种或者野生种传播，传播后在环境中生存和遗传给后代的概率，是环境安全评价的重要内容。

广义适合度是指一个个体在后代中传递自身基因的能力。把自身基因传递给后代个体的能力强，则适合度大。则适合度是生物体或生物群体对环境适应的量化特征。基因漂移是群体遗传学中的概念，按照进化生物学的定义，基因漂移是指遗传物质（一个或多个基因）从一个孟德尔遗传群体转移到另一个孟德尔遗传群体的现象或者过程。基因漂移可以发生在一个物种的不同群体之间也可以发生在具有亲缘关系的不同物种之间。事实上，同一作物的不同品种之间、作物与其野生近缘种和杂草之间的基因漂移和遗传物质交换是植物进化过程中长久存在的自然现象，正是由于基因漂移，植物才能有新的性状产生。依照介质的不同，基因漂移可分为花粉介导、种子介导和无性繁殖器官介导。花粉介导的基因漂移是植物间通过花粉传播，以有性杂交方式发生的不同植物群体中个体间遗传物质的交换。种子和无性繁殖器官介导的基因漂移是指通过种子和无性繁殖器官的扩散和传播而造成不同群体中个体间遗传物质的交换。国际上普遍关注的转基因作物的基因漂移是以花粉为介导的外源基因从转基因作物转移到非转基因作物、野生近缘种或杂草群体的现象。

大豆 Soja 亚属有2个种，一是栽培大豆（Glycine max），另一个种是栽培大豆的野生近缘种野生大豆（Glycine soja）。两者有相同的染色体数目（$2n=40$）和基因组定义，容易杂交结实，相互之间易于发生基因漂移，而且杂交后代性状的遗传方式与栽培大豆品种间杂交后代的遗传方式相似。野生大豆是一年生自花授粉植物，广泛分布于除新疆、青海及海南以外的全国各地。我国是世界野生大豆最主要的分布和分化中心，有6 000多份野生大豆资源。主要生长于山野以及河流沿岸、湿草地、湖边、沼泽附近或灌丛等自然环境中，在农田及其周边环境中也可正常生长。分子生物学和表型研究证据都明，栽培大豆已经同野生大豆在重叠分布区域共同生存了5 000年以上，并一直发生着遗传渗透。通过花粉传播，野生大豆已经渗入了0.73%的栽培大豆基因。而一旦转入的基因（如耐除草剂基因）向野生大豆漂移，将会污染野生大豆资源，也将导致未来田间生长的野生大豆化学防治不易。因此，相对于与栽培种之间的基因漂移，转基因大豆与野生大豆间的基因漂移更应该引起重视。

综合来讲，基因成功漂移需同时具备以下3个条件：第一，转基因作物与野生近缘种的生存空间有重叠，开花期能相遇；第二，转基因作物与野生近缘种间有一定的杂交亲和性；第三，发生杂交后所产生的杂交后代能够繁育，有一定的生存适合度，漂移基因能在杂交后代与父母本的不断回交过程中得到稳定遗传。有学者据此提出了一个分层次和分步骤的基因漂移评估程序（图5-12），认为满足以上3个条件后，转基因作物与其野生近缘种间就有可能发生基因漂移，可以开展第二步评估工作；反之，可以直接得出"转基因作物与所选靶物种间不能发生基因漂移或基因漂移率很低可以忽略不计，终止评价"的结论。第二步即研究转基因作物与其野生近缘种间的杂交亲和性。转基因作物与野生近缘种间杂交亲和，二者才能发生杂交。亲和性越高，发生杂交的可能性就越大。如果转基因大豆与野生近缘种间没有杂交亲和性，评价工作可以到此终止。反之则进行第三步评估。即评估杂交一代（F_1）的适合度。只有携带外源基因的杂交一代有一定适合度，能进一步繁殖后代，并在与野生父（母）本不断回交的过程中完成外源基因的渗入，才能使转入的外源基因在野生近缘种群体中定居和稳定遗传，也才表明转基因植物外源基因成功漂移。第四步即估算基因漂移发生频率。最后，根据转基因漂移的风险评价结果，综合分析各方面因素，定量评价转入的基因漂移所带来的潜在生态后果，制定相应的风险管理措施，使转基因作物的风险最低化。

第五章 转基因大豆的环境安全性评价

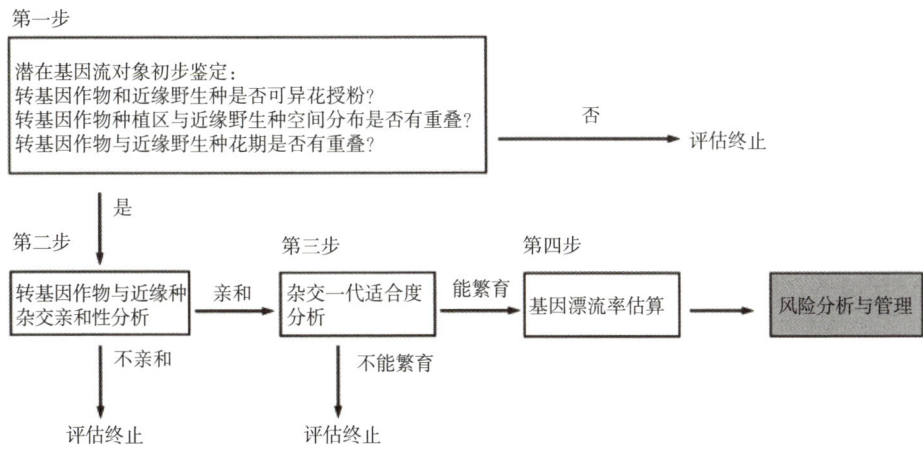

图5-12 转基因植物和近缘种间基因漂移的风险评估一般程序

然而，由于基因漂移的过程受多方面因素影响（如风力、空气温湿度、传粉昆虫密度、转基因作物与近缘种的杂交亲和性等），精确计算基因漂移频率非常困难。另外，不同生态环境中基因漂移率也会有很大差异，从局部实验研究结果难以推断大范围内的基因漂移率。专家们也试图建立不同的研究模型，分析不同影响因子对基因漂移率的综合影响。

国内外就转基因大豆与相应非转基因大豆及其野生近缘种植物间基因漂移的可能性及发生基因漂移的潜在距离和频率做了大量研究。由于大豆是自花授粉植物，主要靠虫媒进行异花间花粉传播，通过风力传播花粉而发生基因漂移的概率极低。因此，转基因大豆与非转基因大豆间的异交率与昆虫群体的大小和活动范围紧密相关，在授粉昆虫活动频繁的条件下，异交率较高。一般来讲，常规大豆不同栽培品种之间发生杂交的频率为3%以下，隔行种植的自然异交率为0.65%~6.32%，相隔超过10m种植的自然异交率低于0.01%；野生大豆群体内部的基因漂移频率高于栽培大豆与野生大豆之间的基因漂移频率，为2.4%~19%；栽培大豆与野生大豆之间的异交率一般低于栽培大豆不同品种之间的异交率。有研究报道，栽培大豆与野生大豆在相隔0.5m、花期重叠约30天时平均自然异交率为0.73%~5.89%。大量研究表明，尽管转基因大豆的外源基因可以漂移到栽培大豆和野生大豆，但转基因大豆与常规大豆及野生大豆间的异交率与上述非转基因栽培大豆间以及栽培大豆与野生大豆间的异交率无差异，即转入基因后没有增加转基因大豆与其他大豆不同材料之间的异交。巴西的研究表明，非转基因大豆距离转基因（*epsps*）大豆花粉源1m、2m和10m时，基因漂移频率分别为0.52%、0.12%和0。日本的研究得到相近的结果，即非转基因大豆距离转基因（*epsps*）大豆花粉源0.7m和10.5m时，基因漂移频率分别为0.19%和0。我国研究了转*epsps*基因耐除草剂大豆AG5601向36个常规非转基因大豆品种的基因漂移，发现距离转基因大豆花粉源15m处的异交率为0.012%。中国和日本对转基因大豆与野生大豆间基因漂移频率的研究表明，*epsps*基因大豆ARG04与野生大豆之间最远漂移距离为10m，与野生大豆之间的漂移频率低于万分之一。内蒙古呼伦贝尔市农业科学研究所将野生大豆材料与转基因耐草甘膦大豆相邻种植，收获野生大豆种子测定异交率。经中国农业科学院植物保护研究所检测，收获的野生大豆Y5和Y3种子中分别有0.025%和0.075%的种子不能被推荐剂量草甘膦杀死，ELISA检测发现，上述野生大豆种子中均表达EPSPS蛋白（图5-13）；耐草甘膦野生大豆植株自交后代F_1表现耐草甘膦和不耐草甘膦植株的比例约为3∶1。上述结果表明，转基因大豆能够将外源基因通过花粉漂移到野生大豆。

野生大豆是大豆遗传改良的重要资源。虽然转基因大豆与野生大豆间的基因漂移率较低，但是如果转基因大豆大面积商业化种植，其与野生大豆长期相邻生长，一旦花期重叠，外源基因可能会通过花粉发生基因漂移。因此转基因大豆对野生大豆资源存在潜在的农业和生态风险不容忽视。例如，转基因耐草甘膦大豆的外源基因漂移可能引起两类生态后果。一是产生"超级杂草"，导致生境中野生大豆或近缘种对草甘膦等除草剂产生抗性而不易被目标除草剂防治；二是威胁大豆种质资源多样性。

我国野生大豆部分生境

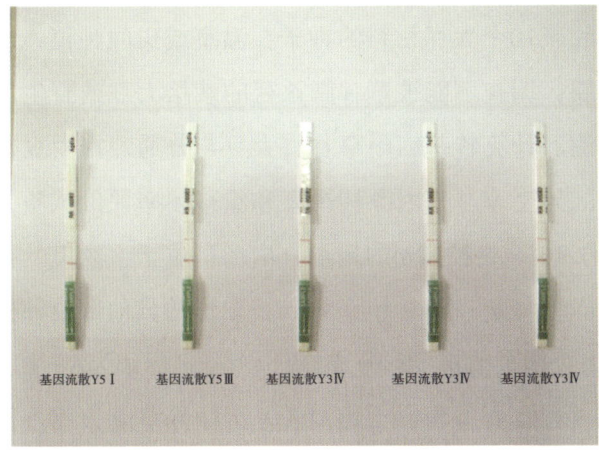
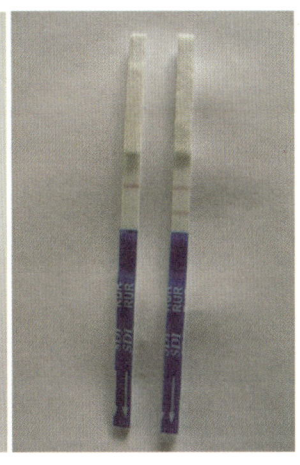

EPSPS蛋白ELISA检测

野生大豆喷施草甘膦后存活植株　　　　耐草甘膦野生大豆自交

图5-13 野生大豆生境及 *epsps* 基因漂移的检测

我国对转基因大豆基因漂移的试验分两部分：一是研究转基因大豆与栽培大豆及野生大豆之间的基因漂移；二是研究转基因大豆与栽培大豆间

的基因漂移距离和频率。这里以耐草甘膦大豆的基因漂移评价为例解释评价流程。转基因大豆与栽培大豆及野生大豆之间的基因漂移研究要求播种转基因耐草甘膦大豆材料和10个非转基因大豆材料（栽培大豆及野生大豆各5个），试验材料单行种植，对比法排列。按当地常规栽培方式管理。调查并记录供试材料的VE（出苗期）、R1、R2（盛花期；主茎最上部具有充分生长叶片的两个节之中任何一个节位开花）、R4（盛荚期；主茎最上部4个具有充分生长叶片着生的节中，任何一个节上有2cm长的荚）和R8。非转基因大豆成熟后，分别收获10个大豆材料的种子在温室或田间种植，出苗后喷施目标除草剂草甘膦，调查不能被草甘膦杀死的栽培大豆或野生大豆植株数，并进行分子检测。计算转基因耐草甘膦大豆与普通栽培大豆及野生大豆不同基因型之间的异交率。基因漂移距离和漂移频率评价试验，试验地形状设计成角度大于90°、半径32m的扇形，扇形口位于上风口。在扇形口处种植转基因耐除草剂大豆，种植半径为2m，扇形的其他部位种植非转基因大豆。非转基因大豆播种前将扇形分成5等份（分别标记为A、B、C、D、E）（图5-14），并保证每等份内在距离转基因耐除草剂大豆种植区1m、2m、5m、10m、20m和30m处的非转基因大豆均能够出苗。转基因耐除草剂大豆分2期播种，隔1行播种1期。转基因耐除草剂大豆第1次播种与非转基因大豆同期，第二次播种在第一次播种后7天进行。大豆材料均按当地常规播种量、播种方式及株行距播种并常规管理。非转基因大豆成熟时，在A、B、C、D、E 5个区域内距离转基因耐除草剂大豆种植区1m、2m、5m、10m、20m和30m处取样，每样点收获不少于1 000粒大豆种子，收获后，将同一距离的A、B、C、D、E 5个样点的大豆种子混合，在温室或田间种植，出苗后喷施目标除草剂，用药后4周记录成活植株（不能被草甘膦杀死）数，并对成活的大豆进行分子检测。根据不同距离的异交率得出目的基因漂移的距离和不同距离基因漂移频率。

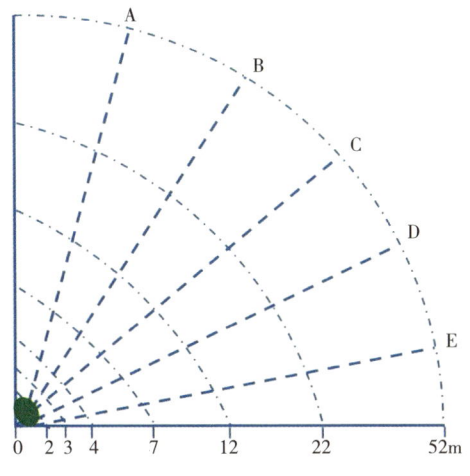

图5-14 基因漂移距离的试验种植

根据大量的研究数据，一些国家转基因作物安全管理部门对转基因作物和相应非转基因作物间的隔离距离及隔离措施提出了相应要求或建议；不同的国家根据本国的实际情况制定了相应的要求。至今，欧盟在转基因作物与非转基因作物间的隔离距离方面还没有统一的标准。美国农业部在该问题上也还没有制定具体的要求，转基因种子开发者申请田间实验时一般以官方种子认证机构协会（The Association of Official Seed Certifying Agencies，AOSCA）为了保持作物品种纯度而设定的隔离距离作为预防转基因作物外源基因漂移的最小隔离距离，或者采用的隔离距离远大于AOSCA的推荐距离。我国对不同转基因作物与常规作物的参考隔离距离有严格的要求，如玉米300m，大豆、水稻100m等（表5-2）。

表5-2 主要农作物田间隔离参考距离

作物	隔离距离/m	备注
玉米	300	或花期隔离25天以上
小麦	100	或花期隔离20天以上
大麦	100	或花期隔离20天以上
芸薹属	1 000	

（续表）

作物	隔离距离/m	备注
棉花	150	或花期隔离20天以上
水稻	100	
大豆	100	
番茄	100	
烟草	400	
高粱	500	

第五节　转基因大豆对非靶标生物和生物多样性的影响评价

根据《生物多样性公约》的定义，生物多样性是指"所有来源（包括陆地、海洋和其他水生生态系统及其所构成的生态综合体）活的生物体中的变异性，包括了物种内、物种之间和生态系统的多样性"。生物多样性是生物及其与环境形成的生态复合体以及与此相关的各种生态过程的总和，由遗传（基因）多样性、物种多样性和生态系统多样性3个层次组成。遗传（基因）多样性是指生物体内决定性状的遗传因子及其组合的多样性。物种多样性是生物多样性在物种上的表现形式，也是生物多样性的关键，它既体现了生物之间及环境之间的复杂关系，又体现了生物资源的丰富性。生态系统多样性是指生物圈内生境、生物群落和生态过程的多样性。生物多样性是人类赖以生存的物质基础，在维持平衡的生态系统中也起着重要的作用。

转基因植物问世以来，人们就一直关注其对农业生物多样性和农业生态的影响。如转入*Bt*基因的抗虫作物种植是否影响靶标害虫以外的其他昆虫种类和数量，转入耐草甘膦*epsps*基因作物的大面积商业化是否影响田间植物的多样性等。

一、转基因大豆对生物多样性影响的评价方法

转基因大豆对生物多样性影响评价主要集中在对作物遗传多样性和非靶标生物影响两个方面。

转基因大豆对作物遗传多样性评价通常采取调研的方法，评估一个地区或国家在转基因大豆商业化以后当地的大豆品种资源种类、数量、结构的变化情况等，以明确转基因大豆商业化是否导致了大豆品种资源的减少。

转基因大豆对非靶标生物的影响采用室内实验和田间试验的方法进行。以目前大面积推广的耐草甘膦大豆为案例论述非靶标生物的影响田间试验程序。

1. 试验设计

转基因大豆和受体大豆。每处理面积不小于150m²。采用随机区组设计，小区间设有1.0m宽隔离带。3次重复。

处理包括：转基因耐除草剂大豆不喷施除草剂；转基因耐除草剂大豆喷施目标除草剂；对应的受体大豆和当地常规大豆不喷施除草剂。

2. 播种及喷施除草剂

按当地大豆常规播种时间、播种方式和播种量分别播种转基因大豆和受体大豆（图5-15）。按照农药登记标签草甘膦的中剂量在大豆3~5片三出复叶期喷施草甘膦；不喷施草甘膦的处理采用人工除草保证大豆正常生长（图5-16）。

图5-15 转基因耐草甘膦大豆播种（余双双 提供）

图5-16 耐草甘膦大豆试验小区（耿亭 提供）

3. 试验调查

（1）节肢动物及非靶标害虫与天敌

每小区采用对角线5点取样，每点调查20株大豆，记载植株上、中、下3个叶位的节肢动物的种类、数量和所处的发育阶段。从出苗到成熟每10天调查1次。调查时害虫种类包括斜纹夜蛾、豆天蛾、粉虱、蚜虫、蓟马、螨类等；捕食性昆虫包括蜘蛛、瓢虫、草蛉、花蝽、猎蝽等；拟寄生昆虫如赤眼蜂成虫等。

（2）大豆主要病害

每小区采用对角线5点取样，每点20株大豆。在大豆苗期、鼓粒期各调查1次，调查病毒病发生情况；在大豆出苗后30天、始花期、鼓粒期，调查霜霉病发生情况；在大豆出苗后V3~V5期调查孢囊线虫病发生情况。记录病毒病、霜霉病和孢囊线虫病的发病株数、发病级别和调查总株数。按相关分级标准调查植株发病程度，计算发病率和病情指数表示。

（3）对大豆根瘤菌的影响

每小区采用对角线5点取样，每点调查20株大豆。在大豆R5至R6期，调查大豆根瘤数量。

（4）对大豆田主要杂草发生的影响

每小区采用对角线5点取样，每样点取$1m^2$样方。除草剂喷施当天（施药前）及施药后14天、21天和42天各调查1次，记录杂草种类和每种杂草的数量。

4. 结果分析

采用方差分析方法对试验数据进行统计，比较转基因耐草甘膦大豆在喷施目标除草剂和不喷施除草剂时与其他大豆材料（受体、当地常规大豆）对节肢动物多样性、大豆病害、大豆根瘤菌及田间杂草等的影响及差异显著性。根据检测结果，对大豆品种或转化体对节肢动物多样性、大豆病害、大豆根瘤数及田间杂草等靶标生物及非靶标生物是否有影响及影响程度进行评价，并就相应参数的变化做具体描述。

抗虫大豆对非靶标生物影响的评价除了按照上述耐除草剂大豆的评价程序和方法调查田间节肢动物和病害发生程度以外，还在大豆不同生长阶段采用室内试验、半田间试验和田间试验的方法评价转入的抗虫基因对靶标害虫和非靶标节肢动物的影响。选择Bt蛋白饲喂、花粉暴露和转基因大豆幼嫩叶片直接饲喂害虫或天敌的方法,以非转基因大豆作对照,进行比较试验研究。通过统计其生存率、体重、繁殖能力等指标,对转入目的基因的大豆对节肢动物的影响进行评价。

二、转基因大豆对生物多样性的影响

1. 对作物遗传多样性影响

作物丰富的遗传多样性无论对人类健康膳食还是对农业生产都有着重要意义。耐除草剂作物由于外源基因的插入,从理论上讲丰富了作物的遗传多样性;但是由于每种耐除草剂作物的转化体数量有限,有人担心只种植这些转化体可能使某一特定区域内作物的遗传多样性减少。然而,转基因作物的商业化及应用历程表明,由于上述有限的转化体远不能满足不同区域的生态条件对作物农艺性状的要求,各育种机构往往采用常规育种方法,以耐除草剂转化体做亲本,具有优良农艺性状的当地常规品种做另一亲本,通过杂交及多次回交,使其后代除了增加耐除草剂目标性状外,其他主要农艺性状与当地常规品种相同。有国外学者研究了转基因耐除草剂大豆的引入及不同育种单位间种质资源交换对北美主要大豆品种遗传多样性的影响。结果发现由于在耐除草剂育种中,转入目标性状的大豆受体品种很多,育成的转基因耐除草剂品种非常丰富。因此,每个生态类型区内农民种植了多个遗传背景不同的耐除草剂大豆品种,除了耐受的目标除草剂相同以外,其他性状是多种多样的。以耐草甘膦大豆为例,美国通过常规杂交方法已经将GTS40-3-2和MON89788的耐草甘膦性状转移到了很多常规大豆品种中,使该国目前商业化的耐草甘膦大豆品种达1 000个以上。因此,转基因技术对大豆品种遗传多样性的影响很小。

转基因技术本身不会降低一个国家和地区作物的遗传多样性。而且，以前通过常规育种无法驯化和利用的植物品种借助转基因技术改造后更适合人类的需要，对其推广利用，将提高作物品种多样性。从长远来看，转基因作物的推广可能会使作物的遗传多样性更加丰富。当然，转基因作物利用不当也可能降低作物遗传多样性。如把目的基因转入单一或少数几个受体，以至于长期大面积种植作物的一个或几个转基因品种，将导致作物品种遗传多样性的降低。如果不同育种单位间限制大豆种质资源的交换，也会导致大豆的遗传多样性降低。因此，在管理上需要规范转基因耐除草剂作物的育种工作，合理引导其商业化利用，促使转基因育种单位把一个或一类基因转入多个不同受体品种中，使转基因作物品种多样化。另外，也可以通过转基因技术，改造以前无法为人类利用的植物的某些性状，以提高作物品种的遗传多样性。

2. 对非靶标生物的直接影响

自从转基因作物问世以来，国内外已经开展了大量评价转基因作物对动物群落多样性影响的工作。结果表明：转基因作物对农田动物没有毒性，因此不会直接影响农田动物群落多样性。

我国对多个转基因耐除草剂大豆转化体种植对生物多样性影响进行了研究，表明转基因耐除草剂大豆对非靶标昆虫群落结构影响很小，耐除草剂大豆田害虫的丰富度和常规大豆田没有差异，对阶段性为害的害虫也没有不利影响。我国学者研究了国外进口用作加工原料的耐除草剂大豆的非靶标效应，发现与常规大豆品种相比，单一耐除草剂转基因大豆田鳞翅目害虫、刺吸式害虫等大豆害虫和瓢虫、草蛉、蜘蛛等天敌群落种类、数量无差别（表5-3、表5-4），耐除草剂转基因大豆田害虫的多样性指数、优势度、物种丰富度、均匀性指数与常规大豆田也没有差异。

表5-3 转基因大豆E059及其受体全生育期的节肢动物各功能团数量 单位：头/100株

功能团种类	处理1	处理2	处理3	处理4
鳞翅目害虫	3.70a	4.26a	4.33a	5.56a
刺吸式害虫	781.37a	788.59a	767.89a	847.89a
其他类害虫	29.26a	36.41a	30.63a	31.22a
草蛉	27.67a	27.96a	27.85a	32.48a
小花蝽	8.81a	13.33a	9.19a	8.89a
蜘蛛	12.93a	13.48a	11.70a	13.04a
瓢虫	12.33a	12.74a	12.37a	11.63a
其他捕食天敌	0.78a	1.70a	0.19a	0.96a

注：处理1，E059不喷除草剂；处理2，E059喷施2,4-滴+草铵膦；处理3，E059单用2,4-滴；处理4，受体大豆E059（对照）不喷除草剂；表中小写字母表示处理之间在0.05水平差异显著性，相同字母表示差异不显著。

资料来源：于惠林等，2020。

表5-4 转基因大豆FG72及其受体全生育期的节肢动物各功能团数量 单位：头/100株

功能团种类	处理1	处理2	处理3	处理4
鳞翅目害虫	7.85a	8.36a	6.58a	21.09a
刺吸式害虫	768.70a	716.39a	973.30a	1 080.39a
其他类害虫	19.39a	20.30a	21.21a	32.15a
草蛉	20.34a	22.94a	23.24a	29.82a
小花蝽	99.32a	109.85a	115.91a	122.03a
蜘蛛	33.72a	48.12a	51.39a	67.24a
瓢虫	12.08a	11.64a	13.79a	26.36a
其他捕食天敌	49.78a	44.94a	53.67a	73.73a

注：处理1，FG72不喷施除草剂的处理；处理2，FG72喷施异噁唑草酮+草甘膦；处理3，FG72喷施草甘膦；处理4，受体大豆Jack（对照）不喷除草剂；表中小写字母表示处理之间在0.05水平差异显著性，相同字母表示差异不显著。

资料来源：于惠林等，2020。

有学者对我国自主研发的转 $g10$-$epsps$ 基因耐除草剂大豆ZUTS-33对节肢动物的影响进行了研究。调查了施用草甘膦（农达，3 000mL/hm²）的转基因大豆田节肢动物数量（害虫和天敌的种类和数量）和多样性指数（丰富度指数、香农指数、辛普森指数、优势集中性指数和均匀度指数）。得出与受体大豆华春3号和本地主栽大豆品种中黄13相比，转 $g10$-$epsps$ 基因耐除草剂大豆小区的粉虱、蚜虫、蓟马、叶甲、叶蝉和棉铃虫等害虫数量以及蜘蛛、瓢虫、草蛉、花蝽等天敌数量差别不大，说明耐草甘膦大豆ZUTS-33本身及喷施草甘膦对大豆田节肢动物及杂草多样性无显著影响。

种植转 Bt 作物对目标害虫有理想控制效果，可大大减少杀虫剂用量和作物产量损失。但抗虫大豆种植不如耐除草剂大豆种植面积大。人们往往担心转基因抗虫大豆长期种植以后，次要害虫是否上升为主要害虫，是否会影响有益昆虫，如重要经济昆虫、捕食性和寄生性天敌以及重要蝶类的种类及种群数量等。大量长期的实验室和田间试验研究表明，抗虫转基因大豆除了按照人们转基因的意愿能使靶标害虫（鳞翅目害虫）数量减少以外，对其他非靶标生物未发现明显有害影响。而如果不种植抗虫转基因作物改成使用杀虫剂，杀虫剂对靶标害虫和非靶标生物都有杀除作用，其副作用影响比 Bt 作物大得多。但次要害虫上升为主要害虫的问题在长期种植抗虫棉花、抗虫玉米的区域确实存在，需要实施综合治理策略，而不是靠单一种植抗虫作物实现。研究表明，MON87701×MON89788抗虫、耐除草剂大豆（转入 Bt 和 $epsps$ 基因）田间种植，转基因大豆与其受体大豆全生育期的节肢动物中鳞翅目害虫数量有明显差别（表5-5），MON87701×MON89788每100株大豆仅几头鳞翅目害虫，与受体对照A5547和中黄13上鳞翅目害虫数量差异显著。差异原因是大豆转入了抗虫基因（Bt），导致部分鳞翅目害虫取食后死亡，而其他种类的害虫或益虫种类和数量不受影响。

表5-5 转基因大豆MON 87701×MON 89788及其受体
全生育期的节肢动物各功能团数量

单位：头/100株

功能团种类	处理1	处理2	处理3	处理4
鳞翅目害虫	3.60b	5.58b	18.50ab	25.45a
蚜虫	312.13a	295.53a	364.33a	229.20a
烟粉虱	60.00a	64.13a	69.30a	59.73a
盲蝽类	12.43a	13.33a	15.70a	16.13a
草蛉	35.13ab	31.53ab	34.98a	20.55ab
蜘蛛	9.45a	8.95a	9.40a	11.23a
寄生蜂	9.05a	6.60a	11.08a	5.25a

注：处理1，MON87701×MON89788不喷除草剂；处理2，MON87701×MON89788喷施草甘膦；处理3，受体大豆A5547（对照）不喷除草剂；处理4，常规大豆中黄13不喷除草剂；表中小写字母表示处理之间在0.05水平差异显著性，相同字母表示差异不显著。

资料来源：于惠林等，2020。

3. 转基因作物的间接影响

转基因作物（如耐除草剂作物）的种植可能由于靶标除草剂的长期使用改变农田杂草结构和农田耕作管理措施，进而改变农田动物栖息地的小气候环境、食物链关系和食物成分而影响动物的群体结构和种群动态。英国科学家通过计算机模拟估算得出：转基因耐除草剂甜菜的种植显著降低农田杂草的群体密度，进而影响以杂草种子为食物的云雀的种群密度。然而，上述模拟研究的结论不能代表转基因作物的总体情况，而且，动物的本能是活动与觅食，在某一处草籽量减少的情况下，他们会迁移到食物丰富之处。

大量研究表明，转基因作物本身不影响植物多样性，但转基因作物种植带来了农艺措施的改变，可能会对田间杂草种群结构产生影响。例如，转基因耐草甘膦大豆种植须使用与其配套应用的目标除草剂草甘膦，而目标除草剂的单一长期应用可能带来大豆田杂草种群的变化。因此，对农田杂草种群多样性的影响不是转基因本身的问题，而是由于耐除草剂作物田靶标除草剂应用的结果。国外有专家对60多块分别种植耐草甘膦油菜、甜菜、玉米、大豆等作物和常规作物的农田杂草种子库及杂草密度的研究发现，在耐草甘膦甜菜和油菜田，杂草密度低于常规作物田，杂草生物量及种子数量也分别只有常规作物田的1/3和1/6；而在耐除草剂玉米田杂草密度高于常规玉米田，杂草生物量及种子数量分别比常规玉米田高82%和87%。而且，耐除草剂作物田与常规作物田相比，杂草种类多样性不受影响。有研究认为，由于农田存在对草甘膦有天然耐受性的杂草种群，在连续使用草甘膦后若干年，田间杂草群落会发生演替。如美国佐治亚州耐草甘膦棉田，1995年开始使用草甘膦时，田间莎草科植物狗牙根、藜等占优势，使用草甘膦几年后，杂草种群演替为鸭跖草、长芒苋、番薯属等。田间有些杂草如田旋花、百脉根、饭包草、狗肝菜、藜、苘麻等对草甘膦相对敏感性差，当一些敏感杂草被草甘膦杀死以后，这类天然耐受草甘膦的杂草数量可能增加，需要提高草甘膦使用剂量。

虽然转基因耐除草剂大豆不影响节肢动物生物多样性，但是种植这些作物可能改变农田杂草种群结构及农田耕作和管理措施，进而通过改变农田动物的栖息地小气候、食物链关系和食物成分来影响动物的群体结构和种群动态。国内外对耐草甘膦作物种植对土壤微生物的影响做过大量研究，发现耐草甘膦作物田某些微生物数量有增加，而另一些微生物数量有减少趋势。有结果表明，大豆根际镰刀菌可以将根系分泌物中的草甘膦作为磷和碳的来源，转基因作物释放到根际的草甘膦将与碳水化合物或高浓度氨基酸相结合有利于促进镰刀菌生长，因此耐草甘膦转基因大豆根际土壤中镰刀菌群落有明显的增加。

使用草甘膦后是否会影响土壤中金属离子活性呢？理论上讲，草甘膦除草每次投入的草甘膦活性成分每亩仅60g左右，不足以影响土壤中的金属离子活性。美国、巴西、阿根廷等国家大面积连续种植耐草甘膦大豆20多年，并未发生草甘膦影响了作物对其他金属离子吸收的情况。而且，耐草

| 转·基·因·大·豆

甘膦作物种植由于使用了草甘膦这一对人畜低毒的除草剂，对土壤、水体的污染小于种植常规作物所喷施的其他除草剂的影响。耐除草剂大豆的种植与引入一个非转基因大豆新品种一样，可能会因为引起农田耕作和管理措施的改变，而或负面或正面地影响农田系统生物多样性。但这些影响是比较微小的，属于可控范围。

案例　耐草甘膦大豆田是否会出现"超级杂草"

耐除草剂基因的转入，使作物本身对目标除草剂获得了耐受性，这种目标除草剂能够杀死田间杂草而不伤害转基因作物，这是我们希望得到的目标性状。但转基因作物本身的种子落到田间，来年可能长出耐除草剂自生苗，或者与野生种产生异交，一旦野生种获得了这种耐除草剂性状，在田间则演变成耐除草剂杂草。另一种情况也可能发生：长期使用转基因作物的目标除草剂除草，形成对田间杂草的选择压，久而久之，对这种除草剂敏感的杂草种群被杀死，产生抗性的杂草保留下来，在这种选择压存在下，抗性杂草种群也越来越壮大，即杂草种群对目标除草剂产生了抗性。无论哪种情况，都将增加耐除草剂作物田杂草治理的难度，但这种情况并不是无法避免，也不是无法解决。

一、揭开"超级杂草"的面纱

20世纪90年代末，加拿大油菜地里发现了所谓"超级杂草"（super weed），随即引起了恐慌。2010年，MacArthur报道了有关"超级杂草"的情况：阿尔伯塔省北部与转基因油菜临近种植的油菜田出现了对3种除草剂（草甘膦、草铵膦和咪唑啉酮类）产生抗性的油菜自生苗，即"超级杂草"。我们一定记得有一部Christopher Reeve主演的电影叫《超人》

(*Super Man*)。因此"超级杂草"只是一个形象化的比喻,并没有证据证明这种杂草真正有"超级"的存在,实际上所谓的"超级杂草"只是加拿大油菜田落入土壤的油菜籽第二年又长出的油菜而已(自生苗)。花粉漂移到其他植株产生异交是众所周知的一种自然现象,也是植物进化的动力,然而它不是转基因作物所特有。

油菜是加拿大的主要作物之一,年总产量在2 000万t左右,2019年油菜总产为1 960.7万t。加拿大油菜籽生产量位居世界第二,油菜籽出口量位居世界第一位。加拿大油菜种植区域集中,主要分布在西部萨斯卡通省南部、阿尔伯塔省以及蒙尼托巴省南部,少量分布在不列颠哥伦比亚省和安大略省。由于气候原因,加拿大种植春油菜,秋季收获。加拿大油菜英文名称为Canola,是20世纪70年代初,采用传统的育种技术培育出的双低(芥酸和硫代葡萄糖苷含量低)油菜。"Canola"是Can(Canadian,加拿大)、o(oil,油)、l(low,低)和a(acid,酸)的组合词。按严格的国际标准,芥酸含量低于2%、硫代葡萄糖苷含量小于30μmol/g的油菜,才能被称为加拿大油菜(Canola)。这意味着Canola是加拿大人的独创。油菜田杂草防除一直是困扰加拿大农民的难题,由于人少地多,必须使用除草剂,如果不防治杂草,加拿大油菜减产20%以上。1995年加拿大开始商业化种植转基因耐除草剂油菜,其后种植面积逐年增加。2005年转基因耐除草剂油菜种植面积达到加拿大油菜总面积的77%。目前,耐除草剂油菜种植面积达95%以上,耐受除草剂主要为草甘膦、草铵膦和咪唑啉酮类等除草剂(如咪唑乙烟酸)。为什么转基因耐除草剂油菜刚刚种植第二年就会出现耐除草剂的自生苗呢?这还要从油菜自身的生物学特性说起。油菜的生物学特性决定了其容易产生自生苗和抗多种除草剂的自生苗。油菜与萝卜、大白菜、甘蓝等都属于十字花科常异花授粉作物,以异交结实为主。植株间、不同油菜品种间或栽培油菜与其野生近源种间容易发生基因交换。油菜荚果容易开裂,在收获前和机械收获过程中部分油菜籽落入田间。据报道,在油菜收获前后全田有1.5%的油菜种子落粒,导致后茬产生大量自生苗。落粒的油菜籽4%~29%进入土壤种子库，由于存在着二次休眠，种子可在土壤种子库中保持萌发能力达3年以上。油菜籽经牲畜消化道后，也有一部分具有发芽能力。因此，不论是转基因油菜田，还是常规油菜田，自生苗本来均是杂草治理的难点。种植耐除草剂的油菜后下茬产生耐除草剂自生苗不足为奇，油菜植株之间异交及与自生苗之间的频繁异交，再产生同时耐草甘膦、草铵膦和咪唑啉酮除草剂的后代并落入土壤，翌年作物田里出现抗性自生苗（即所谓超级杂草）也是正常的现象，是油菜的生物学特性所决定的。

如何防治这种耐除草剂自生苗？为了防止自生苗影响油菜田杂草治理，加拿大的很多油菜种植农场制定了根据不同地区、自然气候特点和生产条件进行合理轮作的种植模式，一般每2~4年轮种一次其他作物，这样在其他作物田喷施适宜的除草剂可除掉这些油菜自生苗。例如，在麦田喷施2,4-滴、2甲4氯、唑草酮等除草剂，这种油菜自生苗即可全部被杀死。油菜花粉传播比较远，而且也容易与其野生近源种杂交，使耐除草剂基因发生基因漂移。因此，国外研究人员建议，转基因油菜和非转基因油菜间隔距离应在200m以上以防止耐除草剂花粉的漂移。我国对转基因油菜的隔离距离要求更为严格，参考的隔离距离为1 000m。自生苗还可采取农业措施、机械措施等辅助治理。

大豆与油菜生物学特性差异较大。首先，大豆是自花授粉作物，异交率很低，转入的抗性基因不易漂移到临近的非转基因大豆田。只要两者留出间隔10m以上的隔离距离就能有效避免植株间基因交流。其次，野生大豆生长的环境大多距离栽培大豆的农田距离较远，两者不易发生基因漂移。再次，大豆结实种子量远远不如油菜，虽然有一定落粒率，但也远远低于油菜，而且大豆种子休眠期很短，落入田间的大豆种子在温度、湿度适宜时会很快出苗，北方地区的自生苗难以越冬，其他地区也可在大豆自生苗出土后机械翻耕除去。最后，南方地区大部分落入田间的大豆种子遇到积水土壤环境或持续降雨会腐烂失去发芽能力。因此，大豆田自生苗不会成为影响后茬大豆或其他作物生长的因素。我国对转基因大豆的参考的隔离距离为100m。

二、杂草对除草剂产生抗性的原因及预防措施

尽管转基因大豆田不会出现"超级杂草"，但我们在耐除草剂大豆田的杂草治理措施上应引以为戒，一是避免野生大豆获得耐除草剂基因，二是有效治理耐除草剂大豆田杂草的抗药性。

杂草抗药性是指杂草种群所获得的，在施用过去能有效防治该种群的除草剂后，仍然能够存活并繁衍的能力。杂草在进化过程中，由于这样或那样的原因，会产生对除草剂有抗性的自然突变体，在除草剂选择压的作用下，一些对除草剂敏感的杂草种群被杀死，而那些对除草剂不敏感的自然突变体被保留下来，发展成抗药性种群，即杂草对除草剂产生了抗药性。如果长期使用一种除草剂，就可能在田间出现抗这种除草剂的杂草。全球大豆田有近50种抗性杂草的90多个生物型（图5-17），抗性报道320多例。1996年之前，少有草甘膦抗性杂草报道。1996年耐草甘膦大豆商业化以来，由于美国、巴西、阿根廷、澳大利亚等国家广泛使用草甘膦除草，杂草抗性发展迅速，导致抗草甘膦杂草数量增加。目前为止，全球抗草甘膦杂草有43种（图5-18），主要集中在澳大利亚、美国、巴西、阿根廷；一些国家还发现对草甘膦和其他作用机制除草剂产生多抗性的杂草，如澳大利亚报道有对4种不同作用机制除草剂都产生抗性的野胡萝卜和对5种不同作用机制除草剂产生抗性的早熟禾；美国也发现对4种不同作用机制除草剂产生抗性的地肤和对5种不同作用机制除草剂产生抗性的长芒苋（*Amaranthus palmeri*）。不同国家的抗草甘膦杂草种类如表5-6所示。

一般来讲，杂草刚刚出现低水平抗性种群对农业生产没有明显影响。随着杂草抗药性水平的升高，杂草种群抗药性杂草密度加大，相应除草剂的防效明显下降，作物产量损失也不断加大，待抗药性杂草种群密度

超过杂草种群的50%时，相应除草剂基本失效，作物产量损失率可高达50%~90%。由于田间杂草抗性，农民不得不加大除草剂用量，试图获得理想防效，这就带来了环境风险和作物药害风险，也可能导致相应除草剂对该杂草种群完全丧失防效，进而失去其应用价值。因此，耐除草剂作物田杂草抗性治理和杂草抗性发展的监测是推广耐除草剂作物必须重视的一个问题。

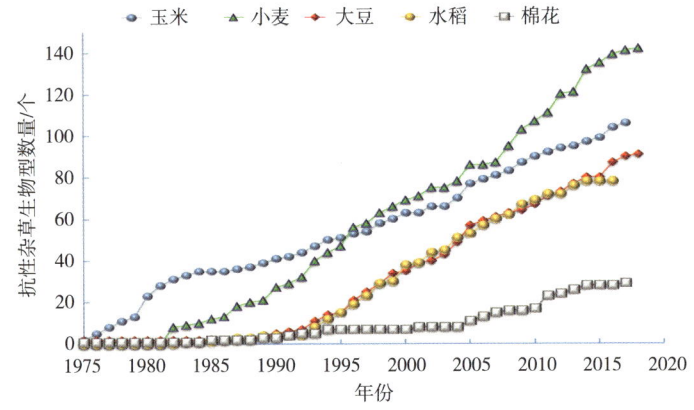

图5-17 全球主要作物田抗性杂草数量

（资料来源：http://www.weedscience.org）

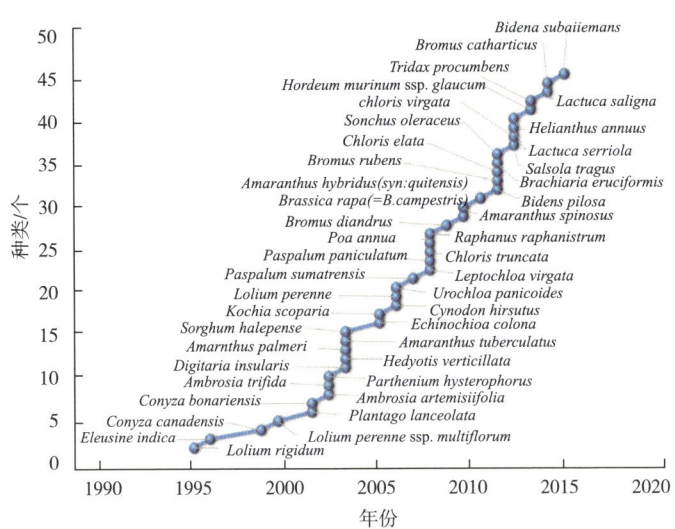

图5-18 全球抗草甘膦杂草数量年度变化

（资料来源：Ihttp://www.weedscience.org）

表5-6 不同国家的抗草甘膦杂草数量　　　　　　　单位：种

序号	国家	种类	序号	国家	种类
1	澳大利亚	20	16	中国	2
2	美国	17	17	哥斯达黎加	2
3	阿根廷	15	18	以色列	2
4	巴西	11	19	马来西亚	2
5	西班牙	8	20	新西兰	2
6	加拿大	6	21	玻利维亚	1
7	墨西哥	6	22	智利	1
8	南非	4	23	捷克	1
9	哥伦比亚	4	24	匈牙利	1
10	希腊	4	25	印度尼西亚	1
11	意大利	4	26	波兰	1
12	日本	3	27	瑞士	1
13	巴拉圭	3	28	土耳其	1
14	葡萄牙	3	29	委内瑞拉	1
15	法国	3			

资料来源：http://www.weedscience.org。

我们提倡，在大豆生产中的杂草防控技术上，应注重多样化的控草技术投入，如农作措施、生态措施、机械措施等非化学防控措施的应用；在除草剂使用上，采用不同作用机制的除草剂轮换使用，制定科学的除草剂轮换使用方案；实行作物轮作和间作套种；根据不同区域的耕作制度、栽培模式、大豆品种等选择适宜的施药时间、施药技术及和杂草解决方案。

第六章 转基因大豆的食用安全评价

转基因食品作为人类历史上的一类新型食品,在给人类带来巨大利益的同时,是否会给人类健康和环境安全带来潜在的风险?作为大豆的消费大国,我们民众更关心的是转基因大豆的食用安全性。

对于面向终端消费者的转基因食品,各国安全评价的模式和程序虽然不尽相同,但总的评价原则和技术方法都是按照国际食品法典委员会的标准制定的。转基因大豆作为常见的转基因食品,对其食用安全性评价已经在全世界范围内形成科学的体系。

依据国际食品法典委员会的标准,我国制订了《转基因植物安全评价指南》等系列评价标准、方法。转基因产品的食用安全评价主要是评价基因及表达产物在毒性、过敏性、营养成分与抗营养因子或天然毒素等方面是否与非转基因对照产品一致,是否会带来新的食品安全风险。评价内容主要包括4个部分。第一部分,基本情况。包括供体与受体生物的食用安全情况、基因操作、引入或修饰性状和特性的叙述、实际插入或删除序列的资料、目的基因与载体构建的图谱及其安全性、载体中插入区域各片段的资料、转基因方法、插入序列表达的资料等。第二部分,营养学评价。包括主要营养成分和抗营养因子的分析。第三部分,毒理学评价。包括急性毒性试验、亚慢性毒性试验等。第四部分,过敏性评价。主要依据联合国粮农组织与世界卫生组织提出的过敏原评价决策树依次评价,禁止转入已知过敏原。另外,对转基因生物及其产品在加工过程中的安全性、转基因植物及其产品中外来化合物蓄积情况、非预期作用等方面还要进行安全性评价。通过系列安全评价、试验检测,逐一排除转基因产品在食用安全上的潜在风险,保证通过安全评价、获批上市的转基因食品可以放心食用。

第一节 转基因大豆的营养学评价

一、转基因食品的营养组成评价

转基因食品的主要功能就在于它对人类的营养作用,为保障其安全性,《重组DNA植物及其食品安全性评价指南》(CAC/GL 45—2003)指出首先应对转基因植物进行营养学评价。2010年10月,我国农业部颁布了《转基因植物安全评价指南》(以下简称《指南》)(2017年修订)。《指南》中食用安全评价内容首先是关键成分分析。因此,营养成分和抗营养因子分析是转基因食品安全性评价的重要组成部分。依据转基因安全评估的"实质等同性"原则,应对转基因大豆及其产品中的关键成分与其非转基因亲本对照进行比较。我国《转基因植物及其产品食用安全性评价导则》(NY 1101—2006)中,对转基因作物营养成分的评价主要包括蛋白质、水分、灰分、脂肪、纤维、碳水化合物和微量营养成分如氨基酸、脂肪酸、矿物质、维生素等与人类健康营养密切相关的物质。此外还需要有重点地开展一些抗营养因子的检测,如大豆中的主要抗营养因子包括大豆胰蛋白酶抑制剂、大豆凝集素等。凝集素可以凝集红细胞,降低食欲。大豆胰蛋白酶抑制剂在未加工大豆中含量约为2%,抗营养机理主要体现在一方面能结合动物消化系统中的胰蛋白酶，生成有机复合物，导致胰蛋白酶不能作用于蛋白质，使蛋白质不能很好地分解消化；另一方面引起机体内蛋白质内源性消耗，最终致使胰腺及其他组织器官的增生和肥大。如果食用较多的这些抗营养因子，会对我们吸收其他营养成分产生影响，甚至造成中毒，严重的会造成非正常发育或死亡。因此抗营养因子分析是进行转基因大豆食品安全评价时必须考虑的问题。

二、营养组成评价过程

安全评价过程中对样品的选择非常重要，转基因植物需要与同等条件下生长、收获的非转基因对照样品进行成分等同性比较，一般选取3个不同种植地点或不同种植年份的样品，以减少由于气候与环境的差异造成的统计分析误差。

转基因作物的成分分析采用的评价标准主要是前面提到的"实质等同性"的比较方法，对不同地点/年份的转基因和非转基因大豆成分进行统计学比较，如果二者之间没有显著性差异，则认为转基因大豆与其亲本营养等同；如果二者有显著性差异，则需要进行进一步的生物学评价。但是，由于遗传与环境的差异，即使是同一品种的植株间也会有差异，因此很难保证转基因大豆及其亲本的各种成分均保持完全一致。这时候就要参考相应的历史参考数据。经济合作与发展组织出台了一系列的作物成分手册，其中，给出了大豆及其加工产品的营养检测指标，提供了相应的历史数据和参考文献（http：//www.oecd.org/env/ehs/biotrack/consensusdocumentsfortheworkonthesafetyofnovelfoodsandfeeds.htm），可以为大豆的营养成分测定提供参考（表6-1），以判断差异是否在正常的范围内，是否具有生物学意义。

表6-1 大豆的OECD营养成分参考范围

营养成分		单位	参考范围
主要营养成分	水分	g/100g DM	9.2～13.7
	灰分		5.0～6.5
	蛋白质		35.8～46.2
	脂肪		21.0～27.4
	粗纤维		15.9～22.9
	碳水化合物		—
氨基酸	天冬氨酸	g/100g DM	3.95～5.36
	苏氨酸		1.42～1.79
	丝氨酸		1.77～2.46
	谷氨酸		6.21～8.60
	甘氨酸		1.52～1.94
	丙氨酸		1.59～1.95
	缬氨酸		1.70～2.19
	甲硫氨酸		0.49～0.62
	异亮氨酸		1.59～2.06
	亮氨酸		2.69～3.49
	酪氨酸		1.24～1.56
	苯丙氨酸		1.72～2.45
	赖氨酸		2.55～2.87
	组氨酸		0.97～1.26
	精氨酸		2.44～3.62
	脯氨酸		1.78～2.41
脂肪酸	C14：0	g/100g DM	—
	C16：0		2.24～2.89
	C16：1		—
	C17：0		—
	C18：0		0.42～1.18

（续表）

营养成分		单位	参考范围
脂肪酸	C18：1	g/100g DM	3.93 ~ 8.95
	C18：2		10.34 ~ 13.60
	C18：3		1.26 ~ 2.73
	C20：0		0.05 ~ 0.09
	其他		—
矿物质	钙	mg/kg	$2.2 \times 10^3 \sim 2.4 \times 10^3$
	铜		11.0 ~ 15.3
	铁		60 ~ 110
	钾		$1.97 \times 10^4 \sim 1.99 \times 10^4$
	镁		$2.3 \times 10^3 \sim 3.1 \times 10^3$
	锰		0 ~ 59
	钠		—
	磷		$5.2 \times 10^3 \sim 7.0 \times 10^3$
	锌		10.9 ~ 67.7
	硒		0.1 ~ 0.8
维生素	维生素E	mg/100g DM	1.25 ~ 10.75
	维生素B_1		0.76 ~ 1.31
	维生素B_2		0.27 ~ 0.51

三、转基因大豆的营养组成分析

传统的转基因作物主要以提高农作物的抗逆性为目的，称为第一代转基因产品。这一类产品中主要的改变是抗逆基因产生的外源蛋白，而对其营养成分没有造成大的影响。因此适用于选取传统品种进行实质等同性分析。这些转基因食品与原始品种在营养成分、抗营养因子方面的一致性是保证其食用安全性和营养学等同的第一步。分析耐草甘膦大豆及豆粕营养成分和抗营养因子发现，耐草甘膦大豆、豆粕中营养成分、氨基酸、脂肪酸、微量元素营养指标与未经基因修饰的普通品种相比基本一致，具有营养学的实质等同性；胰蛋白酶抑制剂这一抗营养因子含量也未发生显著变化。对我国研发的耐除草剂转基因大豆ZH10-6（中黄6106）和亲本大豆中黄10的营养成分比较表明，耐除草剂转基因大豆ZH10-6（中黄6106）和亲本大豆中黄10在营养成分上具有实质等同性。关于转基因大豆与非转基因大豆具有等同性的报道还有很多，就不一一列举。

然而，随着转基因技术的发展，单纯提高农作物的抗逆性已不能满足市场需求，从消费者的角度出发，增强或添加对人体有益成分，改善食品的营养品质的新型转基因食品已经成为研发的主流。大豆是主要的油料作物，大豆中脂肪酸组成及比例是决定大豆油脂品质的重要因素。大豆油脂中单不饱和脂肪酸含量升高、多不饱和脂肪酸含量降低有利于油脂的氧化稳定性，减少后期氢化过程中反式脂肪酸的生成，从而减少反式脂肪酸对人体心血管系统的不良影响，因此可以借助转基因技术提高大豆油中的油酸含量，改善脂肪酸组成。杜邦公司开发了油酸含量高达75%的Plenish转基因大豆并于2012年在美国正式批准上市销售，2014年12月获得中国进口许可。此外，国外已成功研制出高二十碳五烯酸表达量大豆，使二十碳五烯酸含量提高19.6%。这类转基因大豆的目标脂肪酸含量的改变是预期性状，对于这种改良脂肪酸组成产品的成分分析不能用是否与传统食品成分等同来评价；除此之外，还要看该脂肪酸含量变化后，对其他脂肪酸以及其他营养成分的含量是否产生影响。如γ-亚麻酸通常添加在保健品内，用来治疗湿疹等皮肤病。机体内，γ-亚麻酸是油酸转化成花生四烯酸的重要中间体，研究人员将Δ6-脂肪酸脱氢酶基因通过农杆菌介导法导入大豆，在该酶的作用下将亚油酸转化为γ-亚麻酸。对这种高γ-亚麻酸含量的转基因大豆与非转基因对照大豆进行分析，结果表明，转基因大豆的氨基酸含量与对照大豆含量不存在显著差异，抗营养因子之间也不存在显著差异，营养成分中除了粗脂肪，其他指标均不存在显著差异。虽然转基因大豆中γ-亚麻酸含量是对照组的100倍，但是其他成分如油酸、亚油酸的含量不存在显著差异。高γ-亚麻酸含量的转基因大豆与非转基因对照大豆除了目标性状以外，其他营养组成具有实质等同性。

四、转基因大豆的营养功效评价

转基因大豆营养功效评价通常采用动物试验。有研究表明，用耐草甘膦转基因大豆饲喂大鼠、鸡、鲶鱼、奶牛等动物，其生长和生理指标未产生显著变化。用转 *dmo* 基因（耐受除草剂麦草畏）的大豆MON87708进行大鼠90天饲喂试验，结果表明转基因大豆与其非转基因对照具有同样的营养作用与安全性。对咪唑啉酮除草剂抗性的CV127大豆进行了鸡的42天喂养实验，结果表明，转基因大豆对鸡的体重增长、食物利用率无显著影响。因此，转基因大豆与非转基因对照大豆具有同样的营养价值。

第二节 转基因大豆的过敏性评价

一、转基因大豆与食物过敏

食物过敏是一个全世界关注的公共卫生问题。食物过敏是指对食物中存在的抗原分子的不良免疫介导反应。食物过敏常发生在某些特殊人群，全球有近2%的成年人和4%~6%的儿童有食物过敏史。过敏原的本质是蛋白质，而大豆中含有丰富的蛋白质，且外源基因也会表达出特异的蛋白质，这些都有可能成为过敏原。这些蛋白质具有对T-细胞和B-细胞的识别区，可以诱导人免疫系统产生免疫球蛋白E抗体（IgE）。过敏蛋白含有两类抗原决定簇，即T-细胞和B-细胞的抗原决定簇。抗原一般为小于16个氨基酸残基的短肽。在食物过敏性反应中还有一类是细胞介导的过敏反应，包括由于淋巴细胞组织敏感产生的，称为滞后型的食物过敏。这种过敏反应是在进食过敏性食品8小时以后才开始有反应，目前这种类型的反应多发生在婴儿。但在一些患有胃病的人群中，也常见这种过敏反应，例如，对谷蛋白敏感性胃病。

转基因大豆中转入的基因表达的新蛋白有可能引起新的致敏风险。巴西坚果（*Bertholletia excelsa*）中有一种富含甲硫氨酸和半胱氨酸的蛋白质2S清蛋白（2S albumin）。为进一步提高大豆的营养品质，1994年美国先锋种子公司将巴西坚果中编码2S清蛋白的基因转入大豆，试图解决大豆蛋白中甲硫氨酸含量低的问题。结果也证明，该转基因大豆中的含硫氨基酸含量明显提高。但后续对该转基因大豆进行食用安全性评价时发现，对巴西坚果过敏的人同样会对这种转基因大豆过敏。因此推测2S清蛋白可能正是巴西坚果中的主要过敏原，并证明了在从巴西坚果向大豆转移一个主要过敏原的过程中，同样也转移了它引发过敏的能力，能够在本来对巴西坚果过敏的个体中引发过敏反应，因此该公司随即终止了这一产品的研发。

按照对人的致敏性作用及危险程度，将转基因生物划分为4个致敏等级：致敏等级Ⅰ为无致敏性；致敏等级Ⅱ为有致敏性，但通过采取安全措施完全可以避免其危害；致敏等级Ⅲ为有致敏性，但通过采取安全措施基本可以避免其危害；致敏等级Ⅳ为有致敏性，而且尚无适当安全措施可以避免其危害。按上述标准划分，大豆本身的致敏性为Ⅱ，转*cp4-epsps*大豆致敏性等级为Ⅱ，表明转基因耐草甘膦大豆的致敏性等级不高于对应的受体生物，符合转基因生物的安全性要求；而转2S清蛋白转基因大豆致敏性等级为Ⅲ，其致敏性等级高于对应的受体生物，不符合转基因生物的安全性要求。

通过以上案例可以看出，虽然转基因的过程中有可能向受体生物中引入新的致敏原，但是通过适当的检测方法可以提前预测这种风险，并及时制止，因此，所有的转基因生物在上市前都必须经过严格的致敏性评价。

二、转基因生物致敏评价方法

转基因食品的致敏性评价一直是安全性评价中的关键环节。2001年，FAO/WHO举行了有关转基因食品安全的专家咨询会议，在会议的报告中，提出了转基因产品过敏评价程序和方法（图6-1），主要评价方法包括基因来源、与已知过敏原的序列相似性比较、血清筛选试验、模拟胃肠液消化试验和动物模型试验等。最后综合判断该外源蛋白潜在致敏性的高低。这个程序和方法，又称为"转基因食品过敏性评价决策树"，转基因大豆的过敏性评价也是依据以上评价程序进行。

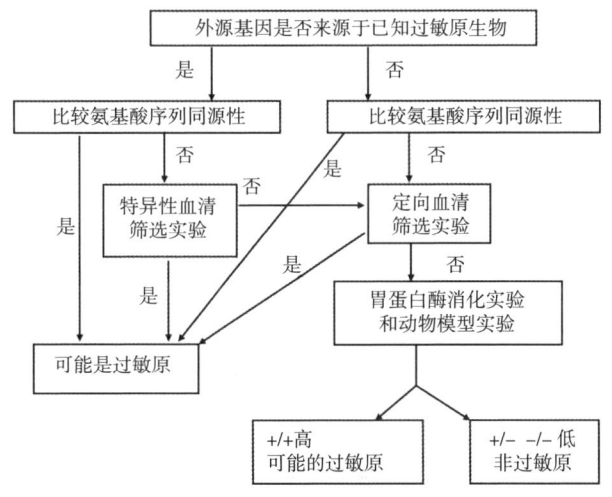

图6-1 2001年FAO/WHO提出的转基因食品潜在过敏原的评价程序

1. 氨基酸序列相似性比较

进行氨基酸序列相似性比较是判定转基因是否产生致敏性的最快捷的方法，用计算机进行序列分析已成为研究不同蛋白质空间结构、功能和进化关系的重要手段，通过对蛋白质的氨基酸序列相似性分析或者特征序列的同一性程度比较可用来推定其与过敏原的交叉反应性能力的高低。

目前国际上已经建立了多个致敏原氨基酸序列的数据库，包括

AllergyOnline、SDAP等，此外我国广州医科大学也建立了一个ALLERGENIA数据库。这些数据库会定期更新，不断完善过敏原数目、非冗余度、数据准确性等。利用这些数据库，通过便携有效的局部比对策略，为安全评估提供简单而有效的工具。引起过敏反应的蛋白质与T细胞结合的最短长度为8个或9个氨基酸，应至少含有两个IgE抗体结合位点，因此，除了进行氨基酸序列全长的比对，还需检索是否有8个连续相同氨基酸序列的分析。

在数据库中将外源蛋白质的氨基酸与致敏原的氨基酸序列相比较，如果二者在80个阅读框中含有相同氨基酸的数量大于或等于35%，或含有8个连续相同的氨基酸，即为目的蛋白质和已知致敏原相似性比较的信息学标准，在进行相关评价时需参照执行。第一代耐除草剂转基因大豆RR中CP4-EPSPS氨基酸序列与1 935种已知的毒蛋白无氨基酸序列同源性，与已知的致敏蛋白特性如分子量大小、浓度、稳定性、糖基化等也无明显的同源性。因此，认为CP4-EPSPS没有明显的致敏性。

2. 血清筛选试验

血清筛选试验是判定基因表达产物是否致敏的直接方法，即检测表达蛋白与对基因来源过敏个体的含有IgE的抗血清结合情况。过敏人的血清中，含有特定过敏原的IgE抗体，这些抗体会与相似的过敏原发生反应。如果目的基因来源于人体过敏食物，需通过特异性IgE抗体结合试验，选择对该过敏物种过敏的人血清进行检测。若目的基因不是来源于人的过敏物种，需通过定向IgE抗体结合试验，选择与该物种同源或种属接近的过敏食物的人血清进行检测。免疫印迹反应、酶联免疫吸附试验（ELISA）、放射性变应原吸附试验（radio allergosorbent test，RAST）、放射性变应原吸附抑制试验（RAST inhibition）是血清筛选的常用方法。我国专家通过国产大豆分离蛋白与我国大豆过敏患儿血清的一维电泳及双向电泳免疫印迹，结合串联质谱解析，鉴定出引起我国婴幼儿大豆过敏的致敏原及其致敏概率。

3. 模拟胃液消化试验

体外模拟消化实验是食物过敏原潜在致敏性评价的重要手段之一。一般情况下，食物过敏原能耐受食品加工、加热和烹调，并能抵抗胃肠消化酶，在小肠黏膜被吸收入血后产生免疫反应（图6-2），所以目的蛋白质是否在模拟胃液中被消化是评估蛋白质是否具有致敏性的一个重要指标。然而模拟胃肠液消化试验并不能完全如实地反映人体的消化系统，而且食物中很少有单纯蛋白在胃肠系统中被消化吸收，食物的各种成分会影响胃肠系统的吸收消化能力以及目的蛋白的稳定性。评价的方法是将受试蛋白质、胃蛋白酶混合液在37℃水浴中反应，并分别在不同时间终止反应，通过SDS-PAGE电泳，分析受试蛋白质的降解情况。试验中需要设立阳性和阴性对照，不能被降解的蛋白质或降解片段大于3.5kDa的蛋白质都有可能是潜在的致敏蛋白质。

我国专家利用动物模型（BALB/c雌性小鼠）和体外模拟胃液消化实验对常见食品过敏原11S大豆球蛋白、卵清白蛋白（ovalbumin, OVA）和非食品过敏原马铃薯酸性磷酸酶（potato acid phosphatase, PAP）的致敏性进行分析。动物模型实验结果显示11S大豆球

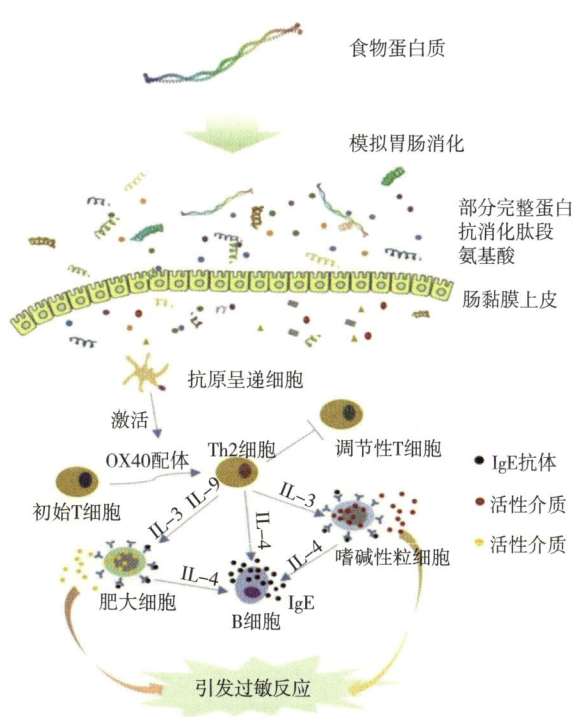

图6-2 食物过敏原经胃肠消化道引发过敏反应的过程
（资料来源：郭玉蔓等，2021）

白的致敏性最强,其次是OVA,PAP的致敏性很低;体外模拟胃液消化结果显示,11S大豆球蛋白对胃蛋白酶的抗消化性高于OVA,PAP不具有抗消化性。

4. 动物模型

动物模型试验是2001年FAO/WHO生物技术食品致敏性联合专家会议发布的转基因食品致敏性评估树状分析策略中新增加的另一评估方法。目前已有几种动物模型被认为有良好的应用前景,包括皮下注射致敏BALB/c小鼠模型,经口致敏的BN大鼠模型,这些模型均可出现IgE介导的致敏反应。通过给试验动物注射或者灌喂外源蛋白一段时间后,通过酶联免疫反应检测动物血清中是否产生蛋白特异性IgG与IgE。因为动物的免疫试验可能与人的遗传过敏情况不同,不会产生人多样性的IgE,所以对动物试验是否可以代替人体试验尚有争议,而目前尚无公认有效的动物致敏模型。

致敏性评估中动物模型应具有以下4个特点:①暴露于人类致敏原后产生过敏反应,暴露于非人类致敏原后不产生过敏反应;②对不同致敏原产生的过敏反应的强度与人类相似,对人类强致敏原(如花生)产生的过敏反应的强度>中等致敏原(如牛奶)>弱致敏原(如菠菜叶);③与人类的胃肠系统相似;④能发生和人体相似的抗原-抗体反应。由于BALB/c小鼠和BN大鼠比其他动物更符合以上4个特征,因此研究者普遍认为这两种动物作为动物模型更具有前途。

我国学者选择大豆球蛋白、卵清白蛋白、马铃薯碱性磷酸酶作为受试物,对各蛋白进行BALB/c小鼠模型研究,试验结果表明,一次经口给予BALB/c小鼠各致敏蛋白,各组间特异性抗体IgE、IgG1水平、mMCP-1水平、组胺水平以及白蛋白水平均未表现出明显差异;而给BALB/c小鼠多次接触过敏原时,特异性抗体IgE、IgG1水平、组胺以及白蛋白水平都有显著性升高,产生明显的Th2型免疫反应,且BALB/c小鼠实验能区分这些蛋白的致敏性,即大豆球蛋白>卵清白蛋白>马铃薯碱性磷酸酶。

第三节 转基因大豆的毒理学评价

一、食品中的毒性物质

毒性物质是指那些由动物、植物和微生物产生的对其他种生物有毒的化学物质。从化学的角度看,毒性物质包括了几乎所有类型的化合物;从毒理学方面看,毒性物质可以对各种器官产生化学和物理化学的直接作用,因而引起机体损伤、功能障碍以及致癌、致畸,甚至造成死亡等各种不良生理效应。

现在已知的植物毒素中,绝大部分是植物次生代谢产物,包括生物碱、萜类、苷类、酚类和肽类等有机物。其中,最重要的是生物碱和萜类植物毒素。如天芥菜碱等双稠吡咯烷以及金雀儿碱、羽扁豆碱等双稠哌啶烷类生物碱是强烷化剂,具有强烈的肝脏毒性,并有致癌、致畸作用。在人类植物食品中也存在大量的毒性物质和抗营养因子,如蛋白酶抑制剂、溶血剂、神经毒剂等。

大豆含有几种对人和动物有害的天然化合物,例如胰蛋白酶抑制剂、植酸、凝集素等(图6-3)。因此,生食大豆会导致恶心、产气、腹痛、腹泻或呕吐等症状,长期或大量生食大豆还会导致体重减轻、生长迟缓、器官和组织损伤、溶血性贫血、黄疸、内分泌紊乱和肿瘤等病症,有时甚至导致机体死亡。不过,加热和超声处理等加工手段可以有效地去除或降低这些大豆中的有毒物质含量。因此,食用正确加工过的大豆制品对人体是无害的。

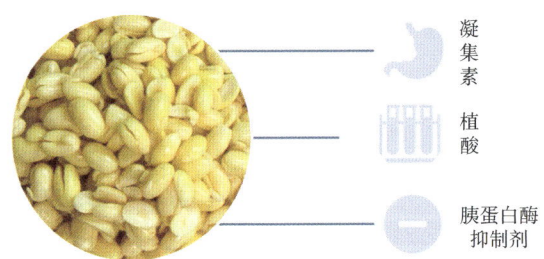

图6-3　生大豆中的主要有毒和有害物质

就转基因作物而言，任何外源基因的转入都可能导致遗传工程体产生不可预知的或意外的变化，称为非期望效应。在进行转基因食品的毒性评价时，除了对于转入的基因新表达的产物进行详细的毒理学评价外，如果受体生物存在潜在的毒性，应检测其自身毒素成分有无变化，插入的基因是否导致受体生物自身毒素含量的变化或产生了新的毒素。

二、转基因食品毒理学评价手段

食品安全性毒理学评价的作用就是从毒理学的角度，研究食品中可能含有的有毒有害物质对食用者的作用机理，检验和评价食品的安全性或安全范围，从而达到确保人类健康的目的。大豆是世界上最重要的油料和高蛋白作物之一，在食物生产和居民消费中扮演了重要角色。因此，对其进行安全性毒理学评价是保障食品安全和国民健康的重要手段。

1. 毒理学评价依据

常用的食品毒理学评价手段包括急性毒性、遗传毒性、亚慢性毒性、慢性毒性和其他毒理学试验（图6-4），食品毒理学评价的手段是以动物试验为主，即让动物代替人摄入待测的食品或食品成分，通过观察动物的中毒表现和检测动物的生理生化指标来确定待测物的毒性和安全摄入量，并推论到人。目前，转基因食品毒理学评价的方法主要是基于传统单一成分化学物质的毒理学评价手段，国际上主要依据的是OECD关于化学物质的评价方法，我国的转基因食品安全性评价参考的是食品安全国家标准《食品安全性毒理学评价程序》（GB 15193.1—2014），以及农业农村部颁布的《转基因生物及其产品食用安全检测》系列公告。

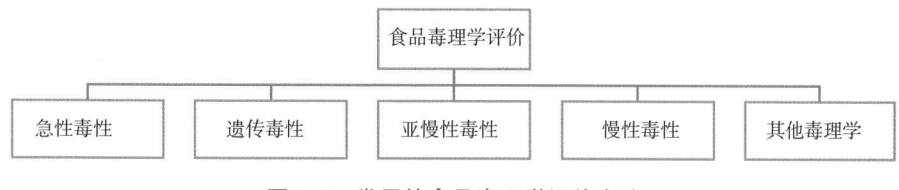

图6-4 常用的食品毒理学评价方法

2. 氨基酸序列相似性分析

转基因食品的毒理学评价的主要手段之一是对新表达蛋白质与已知毒蛋白和抗营养因子氨基酸序列进行相似性比较。外源蛋白与已知毒蛋白序列同源性比对是指利用生物信息学分析软件，将待测外源蛋白质的氨基酸序列与蛋白质数据库中的毒性蛋白质和抗营养因子的氨基酸序列进行序列相似性比较。但是，生物信息学分析仅是毒性分析的第一步，如出现相似性较高的结果，应结合后续的毒理学试验进一步的验证。此外，还应对新表达蛋白质的热稳定性和体外模拟胃液蛋白消化稳定性进行检测。

3. 新表达物质的毒理学评价

当新表达蛋白质无安全食用历史，安全性资料不足时，必须进行急性经口毒性试验和免疫毒性试验。在进行化学物质的急性毒性分析时采用的是纯物质进行评价，而转基因食品中的外源蛋白表达量一般都比较低，如Bt蛋白通常表达量小于1%。在此情况下用转基因食品直接进行急性毒性评价意义不大。关键是要对转入的外源蛋白进行毒理学评价。但是，外源蛋白通常不易获得。国际通用的做法是将外源蛋白转入微生物中，分析微生物表达蛋白与转基因植物中表达的蛋白在分子量、免疫原性、糖基化、氨基酸序列及生物活性等方面具有等同性后，发酵表达大量的外源蛋白，用纯化的蛋白进行急性毒性评价。

由于大部分转入食品中的外源蛋白毒性都不明显，因此很难测出LD_{50}。通常估算出人类正常的食物摄入中转基因食品的最大摄入量（即假设摄入的同类食品均为该种转基因食品），再根据转基因食品中外源蛋白的含量，估算出外源蛋白的最大摄入量，然后以最大摄入量的百倍甚至千倍的剂量灌胃小鼠。对于超过人体摄入量百倍甚至千倍的耐受剂量的蛋白通常认为不会对人体产生急性毒性。

国外有研究人员根据OECD的423号准则，验证了给予高达5 050mg/kg的AAD-12蛋白在15天内不会对小鼠产生任何不良影响，从而证明转入该基因的耐除草剂大豆无急性毒性风险。

当新表达的物质为非蛋白质，如脂肪、碳水化合物、核酸、维生素及其他成分等，其毒理学评价可能包括毒物代谢动力学、遗传毒性、亚慢性毒性、慢性毒性/致癌性、生殖发育毒性等方面。

4. 全食品评价

对于转基因全食品的毒理学评价主要是通过大鼠90天喂养的亚慢性毒性试验进行。转基因全食品亚慢性毒性评价是在不影响动物膳食营养平衡的前提下，将转基因食品掺入到动物饲料中，让动物自由摄食，喂养90天时间，定期称量动物体重与进食量，观察动物的中毒表现和死亡情况。实验末期，称量主要脏器重量并进行组织切片观察。将转基因食品与非转基因食品及正常动物饲料组的各项指标进行比较，分析动物的生长情况、对食物的利用情况以及各项生理指标，观察转入基因是否对生物体产生了不良的营养与毒理学作用。当亚慢性毒性试验未提示任何不良反应时，则可认为长期食用该转基因食品不会对人体造成毒理学方面的威胁。但是，一旦亚慢性毒性试验显示转基因食品可能会对生物健康产生不良作用，则应延长试验时间，通常为两年，进行长期毒性试验。

有研究人员将转入DMO基因的大豆MON87708以7.5%、15%、30%的比例添加到饲料中，进行了大鼠90天饲喂试验，结果表明食用转基因大豆与其非转基因对照大豆的大鼠虽然在体重、食物利用率、血生化、血常规、脏器重等方面存在偶然差异，但是这些差异无剂量相关性，且在生理学变化范围内，说明转基因大豆与非转基因大豆同样安全。另有研究表明，用CV127大豆（耐咪唑啉酮除草剂）进行大鼠的90天喂养实验，未发现转基因大豆对大鼠的生长情况存在显著影响，虽然对其他生理指标有偶然影响，但是无生理学意义。大量实验表明，转基因大豆与非转基因对照大豆具有同样的营养价值。

5. 其他毒理学评价

由于人们对于转基因食品是否影响动物生殖能力非常关注，也有研究人员进行了转基因大豆对于生殖健康的影响评价。他们用化疗药物环磷酰胺处理小鼠建立雄性生殖损伤模型，以耐草甘膦转基因大豆饲料喂食30天，进行体外受精实验，检测其受精率及2-细胞、4-细胞、8-细胞和囊胚的形成率和优胚率，评估转基因大豆饲料对雄鼠生殖功能的潜在影响。实验设对照组（水/非转基因大豆）和实验组（环磷酰胺/转基因大豆），水/环磷酰胺采用腹腔注射，然后以耐草甘膦转基因大豆饲料喂食。结果显示，与非转基因对照组相比，喂食转基因大豆组的各项指标均不存在显著差异。

第四节　转基因大豆的非期望效应评价

一、转基因食品的非期望效应

由于转入基因的插入位点无法精确控制，转基因生物可能会产生预期效应之外的变化，称之为非期望效应。非期望效应的研究是国际上生物技术食品安全性研究的前沿课题,对其研究的分析手段涉及现代分析仪器技术和现代分子生物学研究技术。

目前的研究主要在以下两个方面进行。一类是定向方法,即对一些重要营养素和关键毒素进行单成分分析的定向方法。另一类是非定向方法,主要包括微阵列分析基因表达(功能基因组学)、蛋白双向电泳和质谱分析蛋白质(蛋白组学)、液质联用与核磁共振分析代谢化合物(代谢组学)。这种评价方式从基因组、蛋白表达、代谢物方面对非期望效应进行评价,可以更全面地识别可能的非期望效应。对于食用转基因食品后对动物健康可能产生的非期望效应,可以在毒理和生理指标的基础上检测动物的肠道菌群与肠道健康的变化,以及动物尿液与粪便的代谢物变化等。

二、采用组学技术评价转基因大豆的非期望效应

组学技术能够鉴定和分析转基因作物产生的核酸或化合物,这些分子可以是转基因的表达产物,也可能是未知的发生变化的表达产物。运用组学技术分析转基因与亲本差异不仅可以找到生物体病原性或其他方面的非期望效应,还能进一步研究非期望效应是否会产生负面影响。其中,按照中心法则规律,生物信息形成了DNA、mRNA、蛋白质、代谢产物、细胞、组织、器官、个体及群体这几个研究层次,对应有基因组学、转录组学、蛋白组学和代谢组学等多个研究领域。

有研究人员将耐草甘膦大豆与常规大豆进行转录组学分析发现,普通大豆的种间差异比转基因与非转基因大豆之间的差异更大,且非转基因大豆种植时间越长,种间差异越明显,这一现象对阴性对照的选取有着重要的借鉴意义。国外学者通过代谢组学从45种耐草甘膦大豆目标代谢物中分析出8种显著变化的代谢物,其中绝大部分都可以从外源插入基因的代谢通路中找到。例如,对耐草甘膦大豆不同组织进行代谢组学分析,发现了酪氨酸和苯丙氨酸含量提高,并推测其可能是由插入基因引起的。有研究人

员将49种非转基因大豆与转基因大豆SYHT06W共同分析,通过代谢图谱来确定基因插入带来的非期望效应,结果显示代谢物之间除了预计改变的通路以外无显著差异。利用CE-MS、GC-MS、LC-MS、ICR-MS等多种分析方法对连续育种多年的传统大豆品系与耐草甘膦大豆进行代谢组分析,根据代谢物进行样品鉴定,认为外源基因转入对代谢物的影响不如育种时长的影响明显,进而可以看出基因转移并不是代谢差异的主要原因。目前,对于大豆的非期望效应的研究以代谢组学为主,对于其基因表达情况并没有深入的研究,而相关报道也反映了仅仅从代谢组学数据的差异不能判断出基因转移对生物体影响的问题,也意味着多组学分析的必要性。

三、转基因大豆对动物肠道健康与基因水平转移的评价

肠道不仅是人体的消化器官,也是重要的免疫器官。因此,在评价转基因食品的非期望效应时,其对肠道健康的影响广受关注。肠道健康的研究通常包括两方面内容,一是对肠道组织本身的影响,如肠道通透性、免疫球蛋白分泌情况等;二是对肠道菌群的影响。

通常,转基因食品中的外源DNA在体内的代谢情况,需要在饲喂动物转基因食品后,取动物肠道内容物提取基因组进行外源基因的PCR检测,分析外源基因在动物消化道内的降解情况。很多研究表明,转基因食品饲喂动物后,提取其肠道粪便以及脏器DNA进行PCR检测,未在粪便中发现外源重组DNA的片段残留。

国外研究人员让7例切除末端回肠的志愿者食用含转基因大豆的膳食,食糜(人进食后,食物在胃内经过化学性和机械性双重消化作用形成的半固体食团)中均检测到外源DNA的小片段。但是,12个健康志愿者食用含有转基因耐草甘膦大豆的食品,在其粪便中未能检测到特定的外源*epsps*基因,说明这些基因在具有完整消化道的人体大肠中可以被完全降解。

我国研究人员对转基因大豆DP-356043进行了90天SD大鼠饲喂试验,

在90天喂养开始前以及试验开始后每隔一月采集高剂量组转基因大豆DP-356043和其亲本对照非转基因大豆JACK的大鼠粪便，检测喂食转基因大豆与非转基因大豆的鼠肠道菌群的差异，以及外源基因转移到动物体内的情况。研究结果表明，转基因大豆喂养90天后，大鼠的生长指标和毒理指标与亲本对照组没有明显差异，也没有发现转基因大豆对大鼠有亚慢性毒性作用。16S rDNA PCR-DGGE与实时荧光定量PCR法分析鼠肠道粪便菌群后没有发现转基因大豆与亲本对照组出现明显差异。对SD大鼠脏器与血液进行荧光定量PCR分析没有发现转基因大豆的基因片段转入大鼠体内。

四、非期望效应的未来展望

目前很多国家也将转基因生物的非期望效应作为监管安全评价原则及技术策略的必要部分。在同一种生物的不同生长阶段，可能会发生不同的非期望效应；即使在同一阶段，也可能检测到不同的非期望效应，所以很难通过一个实验来确定转基因生物的非期望效应。

组学技术，包括基因组学、转录组学、蛋白组学和代谢组学技术等，成为目前分析转基因生物非期望效应的重要手段。但组学技术分析转基因生物的非预期效应仍需要更强有力的技术支撑和理论基础，例如：在传统安全评价与检测体系基础上，利用多组学分析手段，如功能基因组学、代谢组学、蛋白组学、miRNA组学、circRNA组学、lncRNA组学与甲基化组学、转录组学等，结合光谱分析技术建立转基因生物的非期望效应评价体系；针对复合性状转基因生物，评价多种蛋白相互作用可能引发的非期望效应；分析不同组织中目标基因表达差异；建立体外细胞评价模型等，以探索转基因生物非期望效应检测与评价技术，从而构建非期望效应评价模型。

第六章 转基因大豆的食用安全评价

案例1 转基因耐除草剂大豆的食用安全性评价

转基因大豆食用安全性是公众广泛关注的热点问题。以目前市场上占有率较高的转 $cp4$-$epsps$ 基因耐除草剂大豆为例，介绍对该转基因大豆进行的食用安全性评价。

一、转基因耐除草剂大豆营养成分分析

转 $cp4$-$epsps$ 基因耐草甘膦大豆1996年在美国开始种植，是种植时间最早的转基因作物。国外多次分析了不同时间、不同地点种植的转基因耐除草剂大豆的独立营养成分。例如，采集美国1992年6个种植地点、1993年4个种植地点、2011年1个种植地点、欧洲2005年5个种植地点、巴西2007—2009年多个种植地点的材料进行营养成分分析，以及美国和加拿大在2000年、2001年和2002年连续3年对多种遗传背景的耐草甘膦大豆进行了分析，均表明转基因耐除草剂大豆与其亲本大豆在主要营养成分（水分、灰分、蛋白、脂肪、纤维、碳水化合物）、抗营养因子（凝集素、植酸、胰蛋白酶抑制剂）以及脂肪酸和氨基酸组成方面含量相当，并且都在参考文献提供的自然变异范围内。1992年，在美国6个地点收获的大豆还进行了工业加工产品如烤豆粕、脱脂豆粕、蛋白提取物、蛋白浓缩物等的主要营养成分分析，包括蛋白质、灰分、水分、脂肪、纤维、碳水化合物、胰蛋白酶抑制剂等，这些加工产品的分析结果也表明转基因大豆和非转基因大豆在加工性能和营养成分方面没有显著差异。因此，可以认为，在大豆基因组中插入 $cp4$-$epsps$ 基因以及用与不用除草剂草甘膦处理转基因大豆，对其营养成分没有显著影响。

二、转基因耐除草剂大豆生物利用率评价

动物喂养试验常用来评价转基因作物营养成分的生物利用率。用加工和未加工的转基因耐除草剂大豆和非转基因大豆对照喂养大鼠和奶牛4周、肉鸡6周、鲶鱼10周、鹌鹑5天后,对喂养后的动物分别检测生长指标、饲料转化率、牛奶产量和牛奶成分、肌肉和脂肪组成(鸡)和瘤胃发酵和氮消化率(牛)等营养指标,检测结果表明,转基因大豆和非转基因大豆对动物具有同样的营养价值,这些动物试验中大豆的饲喂量达到了人体摄入量的100倍。足以说明转基因大豆对动物和人体的安全性。以朝鲜鹌鹑作为实验动物,随机分成5个处理组,用含有28%和70%的耐草甘膦转基因大豆和非转基因对照大豆以及常规基础日粮饲喂鹌鹑90天,观察其对鹌鹑健康状况和生理指标的影响,记录各组动物体重和摄食量,并在实验末期收集血液解剖动物进行病理观察,计算脏器系数,结果表明,转基因大豆对鹌鹑没有产生不良反应,转基因大豆与非转基因大豆对动物具有同样的营养作用。

三、CP4-EPSPS蛋白毒理学评价

转基因生物中新引入蛋白的安全性评价通常包括毒性与过敏性评价。转基因耐除草剂大豆中转入的基因是来自于土壤农杆菌CP4株系的烯醇丙酮酰莽草酸-3-磷酸合酶(CP4-EPSPS),该蛋白可以使作物对除草剂草甘膦产生抗性,国外已经广泛应用于大豆、玉米、油菜等作物中。这种基因是植物和微生物中芳香族氨基酸合成过程中的一种限制酶,普遍存在于人类食物和动物饲料中,具有长期安全食用的历史。CP4-EPSPS蛋白仅能使植物对草甘膦产生抗性,其他生理生化功能与传统的EPSPS蛋白等同。该蛋白与数据库中已知毒素的序列同源性比对结果显示,该蛋白与已知毒素蛋白没有序列同源性。

美国、日本和韩国学者分别采用模拟胃肠液对CP4-EPSPS蛋白进行了体外模拟消化试验，在模拟胃液中15~60s内就被消化；在模拟肠液中，10min至4h能被消化，而蛋白被加热后，在肠液中5s内就能被完全消化。考虑到固体食物胃部半排空时间为2h，液体食物胃部半排空时间为25min，而CP4至EPSPS蛋白在模拟胃液中可以立即被完全降解，因此引起毒性和过敏反应的可能性很小。

对CP4-EPSPS蛋白的小鼠经口急性毒性试验表明，当灌胃量达到572mg/kg体重，CP4-EPSPS蛋白对小鼠未产生不良反应，而该灌胃量大于人类摄入量的1 000倍。因此，可以认为该蛋白不会对哺乳动物造成急性毒性。综上所述，CP4-EPSPS蛋白引起毒性风险可能性很小。

四、CP4-EPSPS蛋白致敏性评价

常见过敏原一般都是生物中含量较高的蛋白质，占总蛋白的1%~80%。而CP4-EPSPS蛋白在转基因大豆中的含量很低，仅占总蛋白的0.08%。对CP4-EPSPS蛋白的过敏性分析表明，该基因的供体土壤农杆菌不是一种已知的过敏原，该蛋白与公共数据库（GenBank、EMBL、PIR和SwissProt）中的已知过敏原没有较高的氨基酸序列同源性。该蛋白可以在模拟胃液和模拟肠液中被迅速消化。此外，1995—2020年，采用欧洲、美国、日本、韩国等易过敏儿童和成年人的血清尤其是大豆过敏患者的血清与转基因耐除草剂大豆提取物和CP4-EPSPS蛋白进行特异性IgE结合试验表明，CP4-EPSPS蛋白不会与任何过敏血清结合，而转基因大豆提取物和非转基因大豆提取物的内源性过敏原的种类和数量没有明显差异。采用大鼠进行的动物体内体外致敏刺激试验也证实了CP4-EPSPS蛋白无论注射还是灌胃都不会激发动物的过敏反应。因此，大豆中转入CP4-EPSPS蛋白没有增加新的过敏性风险。

五、转基因耐除草剂大豆毒性试验

美国、日本、中国等采用转基因耐除草剂转基因大豆和非转基因大豆进行了多项动物亚慢性毒性和传代生殖能力检测。日本在大鼠基础日粮中添加30%的转基因大豆或非转基因大豆,分别进行52周和104周两项慢性喂养实验,同时为了评估大豆本身的影响,还将喂养转基因和非转基因大豆的大鼠组与喂养商业饮食的大鼠组进行了比较。血液学、血清生化和病理学检查、动物生长情况等结果表明,长期摄入添加30%的转基因大豆的饲料对大鼠没有明显的不良影响。采用转基因耐除草剂大豆饲喂大鼠91天,检测进食量、体重增加、血生化、血常规、尿常规指标及进行组织病理学检查,结果表明转基因大豆未对动物产生亚慢性毒性。

在生殖毒性方面,用饲料中添加20%加工好的转基因耐除草剂大豆豆粕或近等基因非转基因豆粕,喂食雄性SD大鼠90天,每日监测体重和行为,检测血清酶、睾丸组织学和电镜表现,以及精子形态,结果发现,饲喂耐草甘膦大豆的大鼠未观察到任何不良反应。对食用转基因耐除草剂大豆的小鼠进行了2~4代繁殖试验的生殖能力检测,分析了胎仔大小、体重、睾丸细胞数量等指标,未发现转基因大豆对小鼠有生殖毒性。

由此看出,通过营养成分分析、动物营养学评价、毒理学评价等对转基因耐除草剂大豆开展系统的食用安全性评价表明,转基因大豆与传统大豆具有同样的营养与安全性。

案例2 转基因高油酸大豆的食品安全性评价

转基因高油酸大豆,就是利用基因工程手段,将与脂肪酸代谢相关的基因转入大豆基因组中,通过转入基因调控脂肪酸代谢途径或改变脂肪酸成分,使大豆油在获得高稳定性、延长保质期的同时,又不产生反式脂肪酸。

一、高油酸大豆的研发与应用情况

根据国际农业生物技术应用服务组织（ISAAA）统计，截至2019年，已经获得商业化批准的高油酸转基因大豆共有12个转化体。其中包括2010年获得我国批准进口用作加工原料的杜邦公司开发Plenish转基因大豆，该品种已于2014年进入我国市场。表6-2中列举了大豆高油酸相关外源基因独立遗传转化事件情况。

表6-2 大豆高油酸相关外源基因独立遗传转化事件情况

基因	产物及作用机制	独立转化事件
fatb1-A	无功能酶产生（FATB酶或酰基-酰基载体蛋白硫酯酶是通过RNA干扰抑制产生的），减少饱和脂肪酸的质体运输，增加不饱和油酸的可用性，以降低饱和脂肪酸的水平，提高油酸含量	无
fab2-1A	无功能酶产生（Δ-12脱氢酶是由RNA干扰抑制产生），减少油酸的不饱和度，使其变为亚油酸，提高种子中的单不饱和油酸含量，降低饱和亚油酸含量	MON87705
gm-fad2-1	无功能酶产生（内源性fad2-1基因编码ω-6去饱和酶的酶是由局部gm-fad2-1基因片段抑制的表达），阻断油酸向亚油酸的转化（通过沉默fad2-1基因），进而提高种子中油酸含量	DP305423
Pj.D6D	产生Δ6脂肪酸去饱和酶蛋白，将某些内源性脂肪酸去饱和，由此产生一种为ω-3脂肪酸的硬脂酸（SDA）	MON87769
Nc.Fad3	产生Δ15脂肪酸去饱和酶蛋白，将某些内源性脂肪酸去饱和，由此产生一种为ω-3脂肪酸的硬脂酸（SDA）	无
gm-fad2-1	无功能酶的产生（内源性Δ-12去饱和酶是由gm-fad2-1基因的额外拷贝通过基因沉默机制抑制产生），阻断油酸进一步转化而提高不饱和脂肪含量	260-05

资料来源：崔宁波等，2016。

二、高油酸大豆的营养成分分析

2014年12月22日，中国政府批准进口杜邦公司Plenish转基因大豆，这种大豆油酸含量高且完全不含反式脂肪，因此又叫做高油酸大豆。与传统大豆油相比，这种基因改造之后的大豆所制取的大豆油脂肪酸组成与传统大豆相差很大，其主要的脂肪酸由亚油酸变为油酸。该转基因大豆的营养成分分析发现，Plenish大豆油的油酸平均含量由21%提高至76.5%，亚油酸的平均含量由原先的52.5%降至3.6%，并且亚麻酸的含量也显著降低。而各类营养物质如蛋白质、矿物质、氨基酸、水分等在含量上均无显著性差异，可认为Plenish转基因高油酸大豆仅在脂肪酸组成上有明显的营养成分差异。

美国食品药品监督管理局（FDA）于2019年2月26日完成了对Calyxt公司转基因高油酸大豆FAD2KO的安全性评价工作，并公布了其安全性和营养评价报告的相关信息，该转基因大豆具有高油酸和低亚油酸的特点。根据Calyxt公司提交的材料，FDA认为该转基因大豆的成分、安全性及其他参数与目前市场同类产品无实质性差异，其上市不再需要FDA的审查或批准但仍需获得美国国家环境保护局（Environmental Protection Agency，EPA）和美国农业部（USDA）的许可。

三、高油酸大豆的生物利用率评价

对转基因高油酸大豆及其非转基因对照进行大鼠90天喂养试验，检测转基因高油酸大豆在大鼠体内的蛋白质、粗纤维、钙、磷、锌等主要营养素的吸收利用率，分析抗营养因子的含量。结果发现，二者主要营养素吸收利用率无统计学差异，抗营养因子胰蛋白酶抑制剂活性、植酸含量与亲本大豆间也无显著性差异。

美国的一项研究对DP-305423转基因高油酸大豆（*gm-fad2-1*基因和*gm-hra*基因）与非转基因大豆的生物利用率进行对比，用该大豆的加工组分（粕、壳和油）制成饲料3阶段喂养肉鸡并对其生长性能（体重、死亡率、摄食效率）、器官重量（肝、肾）和胴体产量（胸、腿、翅膀和腹脂）等指标分析，结果表明，该转基因大豆与非转基因大豆饲喂上述动物无显著性差异。

四、高油酸大豆的毒理学评价

以转基因高油酸大豆为实验材料，对大鼠进行了90天喂养实验，大豆在饲料中的含量参考其产品的特点及其在人群膳食组成中所占的比例，按照最大暴露量原则，设置了低、中、高3个剂量组，含量分别为7.5%、15%、30%，观察大鼠生长发育情况（一般行为、表现、毒性表现和死亡情况），记录体重、进食量和食物利用率，进行血生化指标测定、解剖和脏器系数计算、组织病理学检查，结果表明，饲喂转基因高油酸大豆对动物器官发育未产生明显有害影响，主要脏器未见明显病理学改变。对耐除草剂高油酸大豆DP305423×GTS40-3-2进行大鼠90天喂养试验表明，转基因高油酸大豆与非转基因大豆对动物的体重、食物利用率、生理生化指标和脏器重量等无显著差异。转基因大豆与非转基因大豆具有同样的营养与安全性。

五、高油酸大豆致敏性评价

可以用传统的免疫分析方法来鉴定蛋白质的潜在过敏性，如RAST、ELISA抑制或免疫印迹法。通过RAST抑制法和大豆过敏个体混合血清免疫印迹法对高油酸转基因大豆和野生型大豆进行致敏性评价，发现两种提取物的过敏原含量没有差异。通过建立体外模拟胃肠液系统对转基因高油酸大豆中外源蛋白质进行消化稳定性实验，观察其降解过程。结果表明，转基因高油酸大豆中的外源蛋白质在模拟胃液和模拟肠液中均能被消化酶充分降解。因此，高油酸大豆转入的外源蛋白潜在过敏性的风险较低。

上述研究对转基因高油酸大豆进行了营养成分和抗营养因子分析、

主要营养素生物利用率研究、亚慢性毒性研究、体外模拟胃肠液蛋白质消化稳定性研究和过敏患者血清学研究，较全面地对转基因高油酸大豆进行了系统的食用安全性评价研究。结果显示，转基因高油酸大豆与非转基因对照大豆同样安全，通过安全评价的转基因高油酸大豆可以安全食用。并且，高油酸大豆在加工过程中减少了反式脂肪酸的生成，可以为人们提供更加健康的植物油。

第七章 转基因大豆的产业化和消费

2018年,全球有26个国家(地区)种植转基因作物,包括5个发达国家和21个发展中国家,种植面积达1.917亿hm^2,种植或进口转基因作物的国家70个。20多年来,转基因作物种植面积从2016年的170万hm^{2}增加到2018年的1.917亿hm^2,增长了100多倍。大豆是最早商业化的转基因作物之一,1996年美国、阿根廷开始种植转基因大豆,总种植面积50万hm^2,占转基因作物种植面积的18%;次年,转基因大豆种植面积迅速增长10多倍,达510万hm^2,占转基因作物种植面积的46%,到2018年,全球有8个国家种植转基因大豆,种植面积9 590万hm^2,占全球转基因作物种植面积的50%。美国、巴西、阿根廷为世界大豆生产的前3名,其总产量占世界大豆总产的80%以上,这3个国家也是转基因大豆的三大种植国,2018年种植面积分别为3 410万hm^2、3 490万hm^2、1 800万hm^2,其次为巴拉圭、加拿大、乌拉圭、玻利维亚和南非。

从转基因大豆种植伊始,耐除草剂性状一直是转基因大豆的主要性状,在全球登记的42个转基因大豆品系(转化体)中,绝大部分是耐除草剂性状(单一耐除草剂性状)或耐除草剂与抗虫、品质改良、抗旱等复合的性状（表7-1）。

表7-1　全球登记的转基因大豆的品系（转化体）

序号	名称	批准种植的国家	目标性状	外源基因
1	GTS40-3-2	美国、墨西哥、巴西、阿根廷、加拿大、哥斯达黎加、玻利维亚、日本、智利、乌拉圭、巴拉圭、南非	耐草甘膦	cp4-epsps
2	MON87701	美国、加拿大、阿根廷	抗鳞翅目昆虫	cry1Ac
3	MON87701×MON89788	巴西、阿根廷、巴拉圭、乌拉圭	抗鳞翅目昆虫 耐草甘膦	cry1Ac; cp4-epsps
4	MON87705	美国、加拿大、日本	耐草甘膦 改良油/脂肪酸	cp4-epsps; fatb1-A, fad2-1A
5	MON87708	美国、巴西、加拿大、日本	耐麦草畏	dmo
6	MON87705×MON87708	—	耐草甘膦 改良油/脂肪酸	cp4-epsps; fatb1-A, fad2-1A
7	MON89788	美国、哥斯达黎加、日本、加拿大、乌拉圭	耐草甘膦	cp4-epsps
8	MON87705×MON89788	加拿大、日本	耐草甘膦 耐麦草畏 改良油/脂肪酸	cp4-epsps; dmo; fatb1-A, fad2-1A
9	MON87708×MON89788	乌拉圭、日本、哥伦比亚、巴西	耐麦草畏 耐草甘膦	dmo; cp4-epsps;
10	MON87705×MON87708×MON89788	加拿大、日本	耐草甘膦 耐麦草畏 改良油/脂肪酸	cp4-epsps; dmo; fatb1-A, fad2-1A
11	A5547-127	美国、乌拉圭、加拿大、巴西、阿根廷、日本	耐草铵膦	pat;
12	MON87708×MON89788×A5547-127	日本	耐麦草畏 耐草甘膦 耐草铵膦	dmo; cp4-epsps; pat;
13	MON87712	美国	耐草甘膦 促进植物生长	cp4-epsps; bbx32
14	MON87751	美国、加拿大、巴西	抗鳞翅目昆虫	cry1A.105, cry2Ab2

(续表)

序号	名称	批准种植的国家	目标性状	外源基因
15	MON87751× MON87701× MON87708× MON89788	巴西	抗鳞翅目昆虫 耐麦草畏 耐草甘膦	*cry1A.105*, *cry2Ab2*, *cry1Ac*; *dmo*; *cp4-epsps*;
16	MON87769	美国、加拿大、日本	改良油/脂肪酸	*Pj.D6D*, *Nc.Fad3*
17	MON87769× MON89788	日本	改良油/脂肪酸 耐草甘膦	*Pj.D6D*, *Nc.Fad3*; *cp4-epsps*
18	A2704-12	美国、乌拉圭、巴西、阿根廷、加拿大、日本	耐草铵膦	*pat*
19	A2704-21	美国	耐草铵膦	*pat*
20	A5547-35	美国	耐草铵膦	*pat*
21	CV127	美国、巴西、阿根廷、加拿大、日本、乌拉圭、巴拉圭	耐磺酰脲类除草剂	*csr1-2*
22	DAS44406-6	美国、巴西、阿根廷、加拿大、日本	耐草甘膦 耐2,4-滴 耐草铵膦	*2mepsps*; *aad-12*; *pat*
23	DAS68416-4	美国、巴西、加拿大、日本	耐2,4-滴 耐草铵膦	*aad-12*; *pat*
24	DAS68416-4× MON89788	加拿大、日本	耐2,4-滴 耐草铵膦 耐草甘膦	*aad-12*; *pat*; *cp4-epsps*
25	DAS81419	美国、巴西、阿根廷、加拿大	抗虫 耐草铵膦	*cry1Ac*; *cry1F*; *pat*
26	DAS81419× DAS44406	巴西、阿根廷	抗虫 耐草铵膦 耐草甘膦 耐2,4-滴	*cry1Ac*, *cry1F*; *pat*; *2mepsps*; *aad-12*
27	DP305423	美国、日本、加拿大	耐磺酰脲类除草剂 品质改良	*gm-hra*; *gm-fad2-1*
28	DP305423× GTS40-3-2	加拿大、日本、阿根廷	耐草甘膦 耐磺酰脲类除草剂 品质改良	*cp4-epsps*; *gm-hra*; *gm-fad2-1*

(续表)

序号	名称	批准种植的国家	目标性状	外源基因
29	DP305423 × MON87708	—	品质改良 耐麦草畏	gm-fad2-1; dmo
30	DP305423 × MON87708 × MON89788	—	品质改良 耐麦草畏 耐草甘膦	gm-fad2-1; dmo; cp4-epsps
31	DP305423 × MON89788	—	品质改良 耐草甘膦	gm-fad2-1; cp4-epsps
32	DP356043	美国、加拿大、日本	耐草甘膦 耐磺酰脲类除草剂	gat4601; gm-hra
33	FG72	美国、巴西、阿根廷、加拿大、日本	耐草甘膦 耐异噁唑草酮	2mepsp; hppdPF W336
34	FG72 × A5547-127	巴西、阿根廷、日本	耐草甘膦 耐异噁唑草酮 耐草铵膦	2mepsp; hppdPF W336; pat
35	GMB151	—	抗虫 耐异噁唑草酮	cry14Ab-1.b; hppdPf4Pa
36	GU262	美国	耐草铵膦 解毒β-内酰胺类抗生素	pat; bla
37	HB4	美国、巴西、阿根廷	抗旱	Hahb-4
38	HB4 × GTS 40-3-2	巴西、阿根廷	抗旱 耐草甘膦	Hahb-4; cp4-epsps
39	SYHT0H2	美国、加拿大、日本、阿根廷	耐草铵膦 耐硝磺草酮	pat; avhppd-03
40	W62	美国	耐草铵膦	bar
41	W98	美国	耐草铵膦	bar
42	260-05	美国、加拿大	阻止油酸转化为亚油酸，并允许单不饱和油酸在种子中积累；解毒β-内酰胺类抗生素；选择标记	gm-fad2-1; bla; uidA

第一节 美国转基因大豆产业化和消费

美国大豆种植主要集中在中部平原和密西西比河流域附近，主产州有阿肯色、伊利诺伊、印第安纳、艾奥瓦、堪萨斯、明尼苏达、密歇根、密西西比、密苏里、内布拉斯加、南达科他、北达科他、俄亥俄、威斯康星等。美国大豆产区大部分地区5月至6月上旬种植，9月下旬至10月上旬收获。1975年，美国大豆种植面积仅2 200多万公顷，此后，种植方式的改变、简化栽培的实施、耐除草剂大豆的推广及政府的各项支持政策，使大豆种植面积迅速扩大，到2018年，大豆种植面积超过了玉米，达到3 626万hm^2（图7-1），总产量1.21亿t，出口4 768万t。目前，美国是全球大豆第二大生产国，在全球份额超过三成，仅次于巴西。

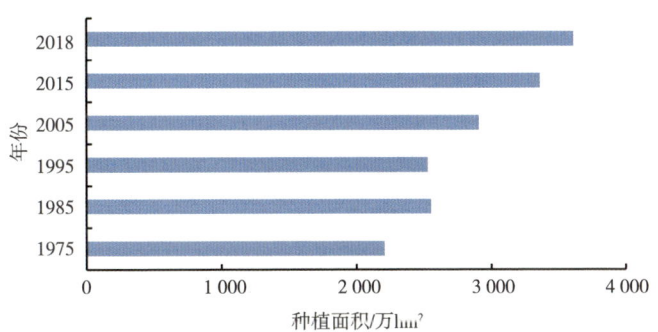

图7-1 美国大豆种植面积的年度变化

（数据来源：USDA）

大豆在美国国民经济中占有重要地位，重要性仅次于玉米排第二位。美国的油料作物主要为大豆、棉花（籽）、向日葵、油菜籽及花生。目前，大豆油占美国油料产量的90%，居油料作物首位。美国上述各州大豆种植面积占耕地面积的20%~45%，其中伊利诺伊、密西西比、印第安纳、俄亥俄等州种植面积占耕地面积的比重均超过40%，美国大豆的国内行情指标"IOM（印俄密）大豆"就是由印第安纳（Indiana）、俄亥俄（Ohio）和密歇根（Michigan）的英文首字母构成。

大豆油脂除了作为餐饮中的重要食物能源和工业原料外，还是一种可再生的生物能源。美国大豆产量约一半用于国内消费，如榨油、种用、生物柴油等，豆粕则作为重要的蛋白饲料来源。美国人很少直接食用大豆食品（如豆腐或豆浆），但人均食用豆油比中国高得多。大豆是美国最主要的出口农产品，出口市场相对集中，加拿大、墨西哥、欧盟、中国、日本、韩国是其最主要出口市场；大豆产量的一半除库存外基本用于出口。据美国农业部统计，美国大豆总产量9 000多万吨，出口约占48%。中国是美国大豆的头号买家，2014年以来每年美国对中国大豆出口额为100亿~140亿美元。2018年受中美贸易争端影响，美国对中国大豆出口额同比下降74.3%。

美国不但是最大的转基因作物生产国，同时也是转基因农产品消费大国。美国是最早商业化转基因大豆的国家，1994年开始试种转基因耐除草剂大豆GTS40-3-2，1996年，转基因耐除草剂大豆在美国开始大面积商业化种植，此后的20多年间转基因大豆在美国各州推广种植。据USDA统计，从2014年开始至2020年，美国转基因大豆种植面积一直稳定地占大豆总种植面积的94%（图7-2）。根据ISAAA 2018年的数据统计，美国的转基因作物中，大豆、玉米、棉花、苜蓿和其他转基因作物（包括油菜、甜菜、马铃薯、苹果、木瓜、南瓜）所占比例分别45.4%、44.2%、6.8%、1.7%和1.9%（图7-3）。

到目前为止，在美国获得批准的转基因作物转化体有206个，其中大豆转化体25个（表7-2），大部分为耐除草剂大豆。单一性状的耐除草剂大豆转化体如耐草甘膦大豆GTS40-3-2和MON89788，耐草铵膦大豆A2704-12和A5547-127，耐几种除草剂叠加性状的大豆有耐草甘膦、抗2,4-滴、耐草铵膦大豆DAS44406-6，耐草甘膦、耐磺酰脲类除草剂大豆DP356043，耐草甘膦、耐异噁唑草酮大豆FG722等。由于可以普遍使用除草剂草甘膦、草铵膦、麦草畏等不同靶标除草剂，大豆田杂草防治效果好于常规除草剂，除草剂使用量减少了10%~40%，对土壤、地下水污染小，对环境更加友好；同时减少了长残留除草剂使用量，减轻了对后茬作物的药害风险；另外，在保护性耕作（免耕）田草甘膦除草的优势更为明显，也因此扩大了大豆保护性耕作种植的面积。上述除草剂还具有节本、增效、使用时间更宽泛和便捷的特点，深受农民欢迎。

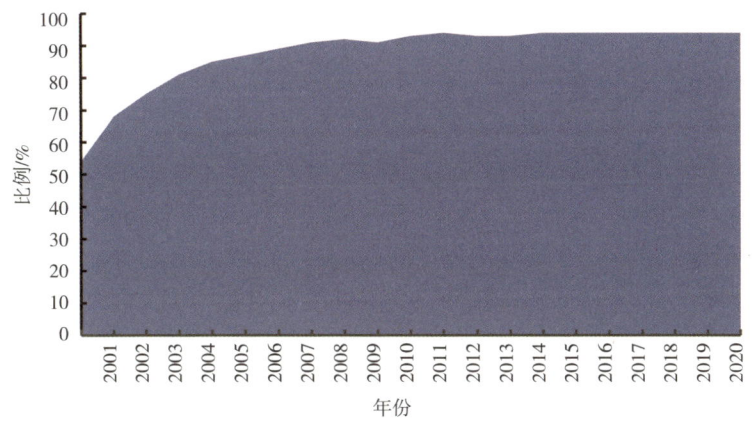

图7-2 美国转基因大豆占大豆种植面积的比例

（数据来源：ISAAA）

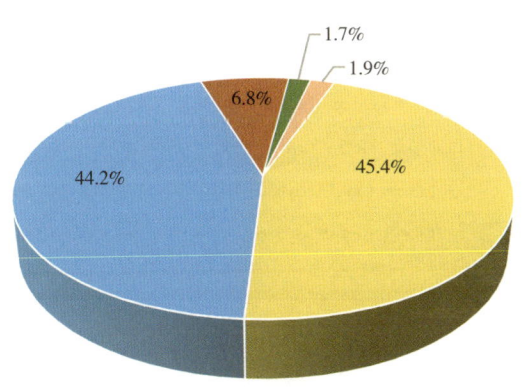

图7-3 美国转基因作物种植面积比例

（数据来源：ISAAA）

表7-2 美国批准的转基因大豆的品系(转化体)

转化体名称	商品名	性状
A2704-12	Liberty Link® soybean	耐除草剂
A2704-21	Liberty Link® soybean	耐除草剂
A5547-127	Liberty Link® soybean	耐除草剂
A5547-35	Liberty Link® soybean	耐除草剂
CV127	Cultivance	耐除草剂
DAS44406-6	—	耐除草剂
DAS68416-4	Enlist™ Soybean	耐除草剂
DAS81419	—	抗虫、耐除草剂
DP305423	Treus™,Plenish™	耐除草剂、品质改良
DP356043	Optimum GAT™	耐除草剂
FG72	—	耐除草剂
GTS40-3-2	Roundup Ready™ soybean	耐除草剂
GU262	Liberty Link™ soybean	耐除草剂
HB4	Verdeca HB4 Soybean	抗旱
MON87701	—	抗虫
MON87705	Vistive Gold™	耐除草剂、改善品质
MON87708	Genuity® Roundup Ready™ 2 Xtend™	耐除草剂
MON87712	—	改变光周期、增产、耐除草剂
MON87751	—	抗虫
MON87769	—	耐除草剂、品质改良
MON89788	Genuity® Roundup Ready 2 Yield™	耐除草剂
SYHT0H2	Herbicide-tolerant soybean line	耐除草剂
W62	Liberty Link™ soybean	耐除草剂
W98	Liberty Link™ soybean	耐除草剂
260-05	—	改善品质、解毒β-内酰胺类抗生素

除了耐除草剂大豆，另一部分转化体为其他性状。如260-05转入了阻止油酸转化为亚油酸的基因，并使单不饱和油酸在种子中积累，该转化体1997年获得种植许可。众所周知，大豆油中富含多种人体必需的脂肪酸，包括硬脂酸、棕榈酸、油酸、亚油酸和亚麻酸。其中，硬脂酸和棕榈酸为

第七章 转基因大豆的产业化和消费

饱和脂肪酸，油酸、亚油酸和亚麻酸为不饱和脂肪酸。饱和脂肪酸不容易被人体消化吸收，易引起肥胖症及脑血管疾病。大豆不饱和脂肪酸能够降低人体中胆固醇含量、减少脑血栓的形成，对动脉硬化和心脑血管疾病的预防和治疗起到保健作用。在生物燃料中增加多不饱和脂肪酸的含量，可增加生物燃料释放的能量、降低废渣温度从而提高利用率。由于亚油酸和亚麻酸为多不饱和脂肪酸，热稳定性及抗氧化性能较差，当暴露在空气中易发生氧化作用，导致大豆油保质期减短，大豆油易酸败；烹饪时也会产生对人体健康有害的氧化产物，也易产生对人体有害的反式脂肪酸。而油酸为单不饱和脂肪酸，性质稳定，抗氧化作用强，富含油酸的食用油可以长时间保存且高温条件不易氧化变质。油酸本身还具有降低血液总胆固醇和有害胆固醇含量的作用，因此在营养学界油酸被称为"安全脂肪酸"，其含量的高低是评价大豆油食用品质和稳定性的重要指标。260-05大豆转化体采用转基因技术转入阻止大豆油酸转化为亚油酸的基因 $gm\text{-}fad2\text{-}1$，该基因转入后大豆内源Δ-12去饱和酶的功能被 $gm\text{-}fad2\text{-}1$ 的多拷贝而抑制，使单不饱和油酸在种子中积累，改良了大豆品质，该转化体1997年获得种植许可。类似的转化体Vistive Gold MON87705-6品质改良大豆（转入 $fatb1\text{-}A$ 和 $fad2\text{-}1A$ 基因）2011年获种植许可；富含ω-3脂肪酸的大豆MON 87769（转入 $Pj.D6D$、$Nc.Fad3$ 基因）2011年获种植许可。另有一些育种公司将耐除草剂、品质改良等特性复合，创造出生产性能优良的大豆转化体，如DP305423为耐磺酰脲类除草剂（$gm\text{-}hra$）和品质改良（$gm\text{-}fad2\text{-}1$）性状复合，2009年获种植许可。

美国是最早将转基因作物商业化的6个国家之一，一直受益于这项新技术。仅1996至1997年转基因大豆种植开始的时期，由于推广耐除草剂大豆，美国的大豆产量增加了4.7%，每公顷净收益增长29.64美元，相当于全国增收12亿美元（1996年）和1.09亿美元（1997年）。上述诸多优点使人们对转基因技术充满信心，从而提高了种植者的满意度和普及率。1996年，有1万农民种植转基因大豆，推广面积仅40万hm^2，占大豆播种面积的1%，而这一数字在2017年和2018年迅速增加到360万hm²和1 020万hm²，分别占大豆播种面积的13%和36%。根据Brookes和Barfoot（2018）的数据，从1996年到2016年，在转基因作物商业化的21年中，美国从中受益高达803亿美元，仅2016年就有73亿美元的收益。目前美国转基因大豆种植面积稳定在3 000万hm²以上，2018年3 408万hm²。预计美国在开发和商业化转基因作物新技术和性状的数量上将保持领先地位。

美国对转基因大豆消费较多。2008年之前，美国大豆消费量居世界第一位，美国2001年的国内总消费占世界的比例为27.77%，到2015年，国内的总消费占世界的比例降为17%，2014/2015年度大豆消费量5 500万t，并稳定至今。美国国内的消费结构很简单，主要为压榨和饲料、种用、损耗用途，第二项的比例稳定在5%以内，而用于压榨用途的大豆占总消费量稳定在95%左右。美国大豆直接食用很少，不过现在美国有把大豆用于食品的趋势，但是在数据统计上没有显示出来；饲料、种用、损耗逐年也有相应增加，但是占总消费的比重很小，而且占比有缩小趋势。

过去，美国对转基因食品并不要求标记，在转基因食品标识上一直采取自愿原则，供人食用的大豆油也无明显转基因标识。近年，美国农业部发布新规《国家生物工程食品信息披露标准》，规定从2020年1月1日起，含转基因成分5%以上的食品应以适当方式标注转基因信息。这是美国在转基因食品方面出台的第一个全国性强制标注规定。新标准规定，转基因食品的标注阈值是5%，转基因成分含量不高于5%不必标注，转基因成分含量高于5%的食品必须向消费者披露转基因信息。标识有多种选择，包括文字说明、写着"生物工程"的图标、电子或数字链接以及使用短信等，小型食品生产商或小型包装也可选择提供电话号码或网址，供消费者查询转基因信息。转基因食品强制标识，对转基因食品发展利大于弊，它"增加了美国食品系统的透明度，为受监管实体就何时、如何透露生物工程成分建立了指导方针"，确保了转基因食品标识的一致性，"避免了可能让消费者产生困惑的州级标识体系"。

第二节 巴西转基因大豆产业化和消费

南美大豆主产国的生产潜力相对较强,如巴西和阿根廷拥有良好的自然条件,温带气候、雨量充沛、土壤肥沃有利于大豆获得高产,经过近年的农业开发,南美大豆产区种植面积增长迅速,总产量持续增加。2018年,南美四国大豆产量达1.71亿t,其中,巴西大豆产量占1.22亿t(图7-4)。

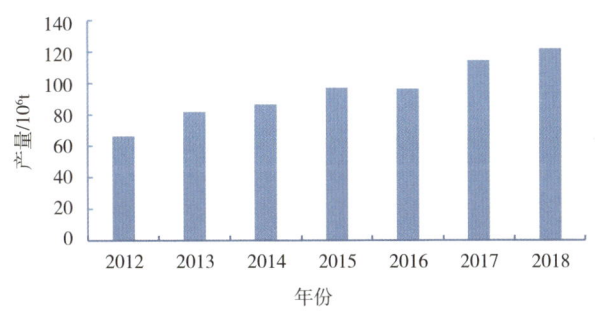

图7-4 2012—2018年巴西大豆产量

农业在巴西是一个的重要产业,作物按照重要程度排序为咖啡、大豆、小麦、大米、玉米、甘蔗、可可和柑橘,其最重要的出口农产品是咖啡、大豆、甘蔗。大豆是巴西主要的农作物之一,占全国农作物总种植面积和产量的一半。巴西大豆主产区在巴西高原,巴西高原地形平坦开阔,土地面积宽广,以热带雨林和热带草原气候为主,光照和水分充足,适宜大豆种植。20世纪70年代前,巴西大豆年产量仅150万t左右,经过科研人员的努力,培育出了适合赤道地区生长的多个大豆新品种,成为世界上第一个在低纬度地区试种大豆的热带国家。大豆的单产从每公顷1 000kg提高到2 000kg以上。1994年巴西大豆面积增加到了1 194万hm^2,总产量2 485万t,2002年巴西大豆产量达到4 190.3万t。目前,巴西大豆种植已逐步由南部、东南部向北部转移,特别是中西部稀树草原地区,大豆产量达2 500t左右。

转·基·因·大·豆

20世纪70年代和80年代，因为品种改良和扩大种植面积，巴西崛起为世界重要的大豆生产国。几十年间，巴西的大豆生产从南部州移向中西部地域和州，使中西部地区大豆生产约占巴西大豆产量的一半。巴西拥有大量适于大豆生长的土地，地租相对廉价，种植面积逐渐扩大。与美国生产增长主要是由产量增长驱动所不同，巴西大豆生产增长一直是由产量增长和种植面积扩张双核驱动。巴西缺乏基础设施运输产品，多年来一直致力于投资道路和铁路以解决这些问题。著名的巴西163公路，连接着马托格罗索州到亚马孙河和出口港口，2019年完工，从而降低了巴西大豆从产地到市场的运输成本。

巴西转基因作物种植面积居世界第二位。2018年，巴西作物总播种面积5 488万hm²，其中，转基因作物播种面积达5 130万hm²，占作物播种面积的93%，占世界转基因作物播种面积的27%，而转基因大豆面积达3 486万hm²，占巴西转基因作物面积的67%以上（图7-5）。2018年，巴西种植的大豆有96%是转基因大豆。

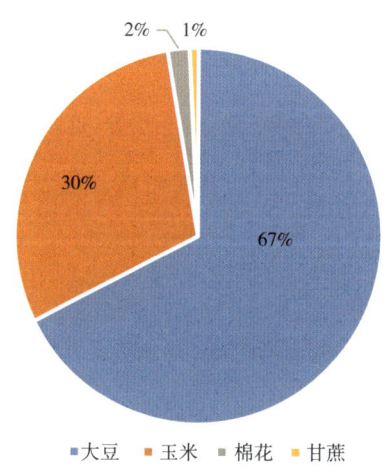

图7-5 巴西不同转基因作物种植面积所占比例

（资料来源：ISSA）

到目前为止，巴西获得批准的转基因作物转化体有111个，其中大豆转化体19个。巴西1998年开始种植耐除草剂大豆GTS40-3-2，目前除了单一耐除草剂性状以外，一部分为抗虫、耐除草剂复合性状大豆（表7-3）。

表7-3 巴西批准的转基因大豆品系（转化体）

转化体名称	商品名	性状
A2704-12	Liberty Link® soybean	耐除草剂
A5547-127	Liberty Link® soybean	耐除草剂
CV127	Cultivance	耐除草剂
DAS44406-6	—	耐除草剂
DAS68416-4	Enlist™ Soybean	耐除草剂
DAS81419	—	抗虫、耐除草剂
DAS81419 × DAS44406	Conkesta Enlist E3™ Soybean	抗虫、耐除草剂
DP305423	Treus™，Plenish™	耐除草剂、品质改良
DP305423 × GTS40-3-2	not available	耐除草剂、品质改良
FG72	—	耐除草剂
FG72 × A5547-127	Liberty Link®GT27™	耐除草剂
GTS40-3-2	Roundup Ready™ soybean	耐除草剂
HB4	Verdeca HB4 Soybean	抗旱
HB4 × GTS 40-3-2	not available	抗旱、耐除草剂
MON87701 × MON89788	Intacta™ Roundup Ready™ 2 Pro	抗虫、耐除草剂
MON87708	Genuity® Roundup Ready™ 2 Xtend™	耐除草剂
MON87708 × MON89788	—	耐除草剂
MON87751	—	抗虫
MON87751 × MON87701 × MON87708 × MON89788	—	抗虫、耐除草剂

由于可以普遍使用非选择性除草剂，大豆田杂草防治效果好于常规除草剂效果，加上抗虫性状的复合，大豆田害虫和杂草均得到理想控制效

果。目前，巴西转基因大豆有42%是耐除草剂大豆，58%为抗虫和耐除草剂复合性状大豆，如Intacta™抗虫大豆于2013年引入巴西，当年种植面积220万hm^2，2018年增至2 020万hm^2。2018年Brookes and Barfoot调研显示，转基因大豆在南美商业化的前5年，由于增产和降低了害虫和杂草的防控成本，农民新增收益76.4亿美元，每投入1美元种子的费用，就带来3.88美元的新增收益。同时，杀虫剂用量减少了1 044万t，还减少了相当于330万辆汽车的温室气体排放。数据还显示，与种植常规大豆相比，耐除草剂大豆促进了巴西种植模式的改变，促进了少耕免耕，增加了大豆种植密度，大豆平均增产26%，保护了农田环境和水土。

巴西大豆的消费市场方面和美国相似，所产大豆中有近一半留在国内加工，生产豆粕和豆油。与美国不一样的是，这些大豆加工产品除了供应国内市场消费外，还有相当一部分用于出口。巴西直接食用大豆很少，饲料、种用等虽然有一定增加，但基本稳定在占国内总消费的7%以内，而93%左右的大豆用于压榨。转基因大豆的高效率和低成本，也使巴西大豆在国际市场更具有竞争力。

我国是巴西大豆主要进口国。2019年，由于中美贸易争端，巴西成为我国主要的大豆进口国，当年从巴西进口大豆6 690万t，占比高达75.6%。

第三节　阿根廷转基因大豆产业化和消费

阿根廷位于南美洲东南部，西邻智利，北与玻利维亚、巴拉圭交界，东北与乌拉圭、巴西接壤。阿根廷曾以肥沃的土壤、丰茂的草原和良好的气候，成为"世界的粮仓和肉库"。19世纪下半叶，大豆传入阿根廷。阿根廷土壤肥沃、气候温暖湿润，适合大豆生长，大豆一般在11月至翌年1月播种，4月末至6月收获。但20世纪60年代之前，大豆在阿根廷只有零星种植。20世纪60年代以后，随着国际大豆市场的逐步开放，阿根廷大豆的种植面积开始不断扩张,并在最近20年发展成为潘帕斯地区重要的农作物品种。2017年,阿根廷大豆种植面积1 660多万公顷,总产量5 530万t,占全球大豆产量16%左右。2012—2018年阿根廷大豆产量如图7-6所示。

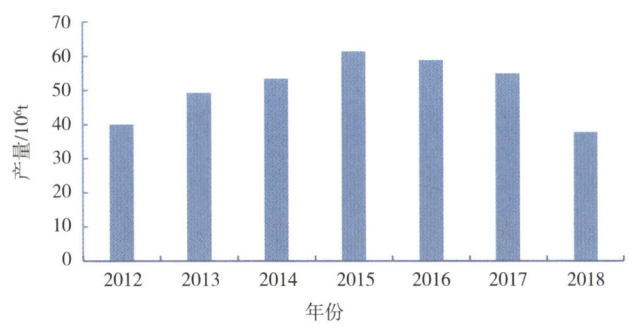

图7-6　2012—2018年阿根廷大豆产量

阿根廷是全球率先种植转基因作物的几个主要国家之一。阿根廷大豆主产区集中在布宜诺斯艾利斯、科尔多瓦、圣菲3个省,其大豆种植面积占全国大豆面积的90%以上,次主产区为恩特雷里奥斯、圣地亚哥-德尔塞斯特罗省。阿根廷大豆获得高产一是靠优越的自然和土壤条件,二是靠科技进步。20世纪80年代,阿根廷在全国推广大豆免耕直播种植,这种方式改变了翻耕种植的传统,采用上茬残留秸秆覆盖地表,然后通过免耕播种机播种大豆种子。阿根廷一项研究显示,免耕直播比少耕或翻耕种植能够有效提升土壤有机碳含量和土壤含水率,延长大豆生长期,如果再加上与玉米轮作种植,大豆单位面积产量能够提高30%左右。但当时免耕大豆田的除草问题一直阻碍着免耕制度的推行。1996年,时任阿根廷农业部长的菲利佩·索拉(Felipe Solá)批准引进美国孟山都公司开发的商用耐除草剂转基因大豆(GTS40-3-2),该大豆品种为耐除草剂草甘膦性状,转基因技术的应用推动了阿根廷大豆免耕的实施,使得采用免耕技术的大豆种植面积从1993年不到100万hm²增加到现在的超过2 000万hm²。由于转基因大豆增产、增收、简化栽培,阿根廷农民很快采纳了草甘膦除草技术。1996—1997年,阿根廷转基因大豆的种植面积不足大豆总种植面积的1%;

而2000—2001年，转基因大豆占阿根廷大豆种植面积的90%以上；2007—2008年，该国转基因大豆面积攀升到近100%。在2015年全球转基因作物种植面积下滑的情形下，阿根廷的转基因作物种植面积仍显著增加。2018年，阿根廷转基因作物种植面积2 390万hm^2，占全球转基因作物的12%，其中转基因大豆占1 800万hm^2（图7-7），转基因大豆种植接近饱和，76%的转基因大豆为耐除草剂性状，24%为抗虫、耐除草剂复合性状大豆。其中，复合性状大豆Intacta™进入阿根廷后，2015种植7万hm^2，2017年达308万hm^2，农民种植上述转基因大豆大大降低了成本、增加了收益。2018年，耐除草剂草甘膦、草铵膦、异噁唑草酮大豆MST-FG072-2和耐除草剂、抗盐碱大豆MST-FG072-2×ACS-GM006-4获得阿根廷获得种植许可。目前，阿根廷种植的耐除草剂大豆转化体有17个（表7-4）。过去20年，阿根廷转基因作物的总收益达到1 629亿美元。Brookes and Barfoot（2018）统计，从1996年开始种植转基因大豆至2016年的21年间，阿根廷13万农民种植转基因作物增收237亿美元，仅2016年当年收益增加21亿美元。同时，在促进保护性耕作、减少土壤流失和温室气体排放、促进碳封存及作物安全管理上也有重要作用。目前阿根廷跃居全球大豆出口国的第三位，转基因大豆种植功不可没。

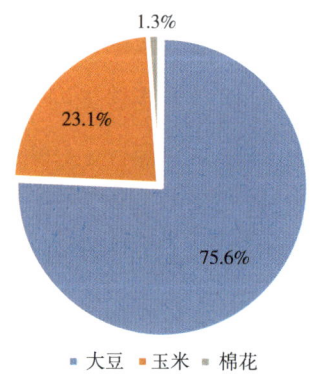

图7-7 阿根廷不同转基因作物所占比例

表7-4 阿根廷批准的转基因大豆品系（转化体）

转化体名称	商品名	性状
A2704-12	Liberty Link® soybean	耐除草剂
A5547-127	Liberty Link® soybean	耐除草剂
CV127	Cultivance	耐除草剂
DAS44406-6	—	耐除草剂
DAS81419	—	抗虫、耐除草剂
DAS81419 × DAS44406	Conkesta Enlist E3™ Soybean	抗虫、耐除草剂
DP305423 × GTS 40-3-2	—	耐除草剂、品质改良
FG72	—	耐除草剂
FG72 × A5547-127	Liberty Link® GT27™	耐除草剂
GTS40-3-2	Roundup Ready™ soybean	耐除草剂
HB4	Verdeca HB4 Soybean	抗旱
HB4 × GTS40-3-2	—	抗旱、耐除草剂
MON87701	—	抗虫
MON87701 × MON89788	Intacta™ Roundup Ready™ 2 Pro	抗虫、耐除草剂
MON87708 × MON89788	—	耐除草剂
MON89788	Genuity® Roundup Ready 2 Yield™	耐除草剂
SYHT0H2	Herbicide-tolerant Soybean line	耐除草剂

阿根廷生产的大豆虽然都在国内加工，但国内消费市场有限。政府的差异化出口税政策，鼓励大豆产品出口，阿根廷加工的豆粕和豆油产品销往世界各地，主要市场是欧洲和东南亚。中国也是阿根廷大豆及其衍生品的买家，2019年，我国大豆进口量8 851.1万t，从阿根廷进口的大豆占比约为8.5%。

第四节 中国转基因大豆产业化和消费

中国大豆产量占世界大豆产量3%，近几年在世界排名第四位。中国目前尚无转基因大豆种植,但每年不得不进口大量的大豆才能满足国内巨大需求。中国是世界最大的大豆进口国,占全球大豆进口量60%左右。世界市场上的大豆价格在很大程度上取决于中国的需求。2017—2019年,中国大豆进口量分别为9 553万t、8 803万t和8 851万t。主要从巴西、美国、阿根廷进口。

我国目前无转基因大豆商业化种植,但国家已经有较好的具有自主知识产权的转基因大豆转化体取得生产应用的安全证书。我国研发的耐除草剂大豆DBN9004（Farmax®GGT）（*epsps*和*pat*）于2019年2月27日获得阿根廷政府的种植许可,2020年6月11日获得中国进口安全证书。标志着我国自主研发的大豆品种已经进入国际市场。DBN9004转基因大豆具备草甘膦和草铵膦两种除草剂耐受性,能够有效解决常规大豆种植存在的杂草控制问题,为大豆和其他作物的自由轮作提供了安全有效的技术支持（图7-8、图7-9）。2020年12月29日,DBN9004获得我国北方春大豆区生产应用安全证书。

三叶期喷施4倍剂量草甘膦+始花期喷施2倍剂量草甘膦,喷后7天

三叶期喷施2倍剂量草铵膦+始花期喷施2倍剂量草甘膦,喷后7天

图7-8　DBN9004耐除草剂大豆田间表现

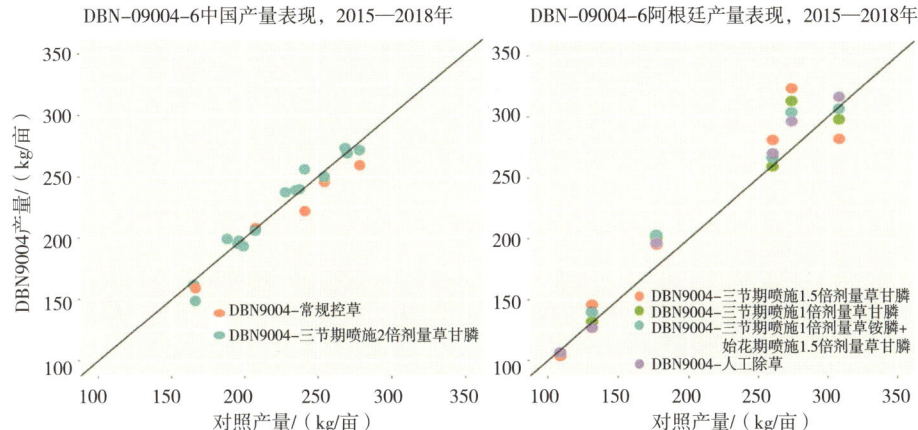

图7-9 DBN9004（即DBN-09004-6）耐除草剂大豆田间表现

（资料来源：北京大北农生物技术有限公司）

第八章 转基因大豆的安全管理与监测

　　生物安全和生物技术相伴而生，生物技术的发展对生物安全管理提出了更高要求，安全管理是生物技术发展的保障。基因工程研究是一个新领域，研发开始时的科技水平还难以完全准确地预测转入基因在受体生物遗传背景中的全部表现，人们对于转基因生物出现的新组合、新性状及其潜在危险性还缺乏足够的预见能力。因此，必须采取一系列严格措施，对转基因生物从实验研究到商品化种植进行全程安全性评价和监控管理，在发展农业生物基因工程技术的同时，保障人类和环境的安全。

　　转基因技术本身是科学问题，但转基因产业及贸易已超出科技范畴，受到经济、社会、文化、宗教、伦理等影响。世界各国农业资源禀赋、创新能力、贸易环境等国情不同，出于自身利益考虑，对转基因技术采取的态度和政策也不同。各国遵循转基因安全评价的国际通行规则，结合本国技术、经济、贸易和政治利益，建立了各具特色的转基因管理政策。

　　1996年以来，全球转基因作物种植面积迅速扩大，在一些国家的作物上（如美国、巴西、阿根廷的大豆）接近饱和，转基因作物在发展中国家也表现出巨大的增长潜力（图8-1）。本章分别介绍转基因种植大国美国、巴西和阿根廷对转基因作物的监管，以及我国转基因作物管理和监测的案例。

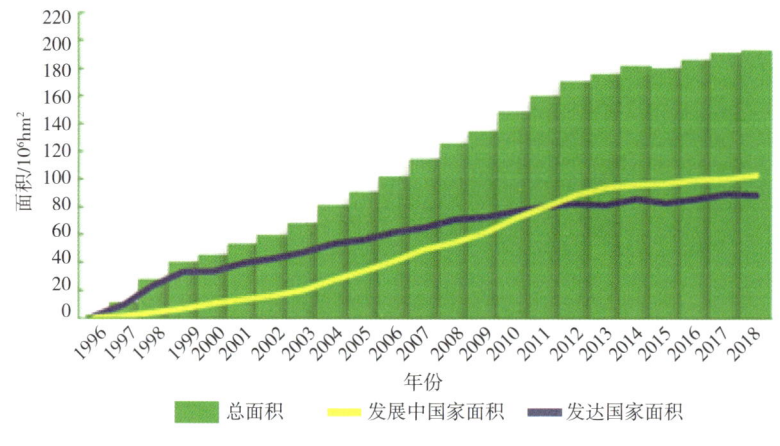

图8-1　发达国家和发展中国家转基因作物种植面积

（资料来源：ISAAA）

第一节　美国转基因大豆安全管理

一、安全性审批过程

美国生物技术研究和转基因生物安全管理起步早，已经形成了一套比较完善的管理体系。美国是种植转基因作物时间最早、面积最广、国内消费最多的国家。美国农业转基因生物的行政监管体系主要由农业部（USDA）、环境保护局（EPA）、食品药品监督管理局（FDA）负责。其中农业部负责转基因作物种植生产的安全性，环境保护局负责涉及农药应用的环境安全性，FDA负责食品的安全性。比如抗虫粮食作物由农业部、环境保护局、FDA协同监管，改变油酸含量的粮食作物则只有农业部和FDA协同监管，而改变花色的观赏植物则只需要农业部监管。美国对转基因作物的许可主要遵循实质等同原则，即将转基因食品与传统的非转基因食品进行比较，如果转基因食品与传统食品具有实质等同性，则认为是安全的。在美国，转基因作物的受监管状态及程度由上市审批程序决定，转基因作物申请人根据美国农业部动植物检验检疫局的监管对象定义的不同，来申请免于监管还是按照批准程序进行上市审批。

二、田间种植及监管状况

1. 田间种植状况

美国一直是全球转基因作物第一大商业化国家。2019年美国种植转基因作物7 500万hm^2，占全球转基因作物种植面积的39%。其中转基因玉米3 417万hm^2，转基因大豆3 042万hm^2，转基因棉花534万hm^2，玉米、大豆、棉花在美国的转基因作物应用率分别为92%、94%、98%（图3-1）。美国市场上75%的加工食品均含有转基因成分，不存在美国生产转基因产品自己不吃的问题。美国还种植有苜蓿、油菜、甜菜以及少量的抗病毒木瓜、南瓜、防褐变的马铃薯等。随着RNA干扰（RNAi）、基因组编辑等新技术不断涌现，多种新技术产品将研发出来，如宾夕法尼亚州州立大学用基因组编辑技术研发的抗褐化蘑菇和杜邦先锋公司用基因组编辑研发的支链淀粉含量超过90%的糯玉米Waxy Corn，已获得美国农业部的批准，准备上市。

2. 监管状况

在1986《生物技术管理协调框架》构建的监管体系下，美国农业部动植物卫生检验局（Animal and Plant Health Inspection Service，APHIS）依据《植物保护条例》对可能属于植物虫害或有植物虫害危险的转基因作物的进口、加工、州际转移、环境释放等行为进行监管，这类转基因作物即为"监管对象"。美国环境保护局（EPA）则对农药的销售、分销和使用进行监管，部分转基因作物因为属于植物式农药（plant pesticides）或内置式农药而落到了它的监管范围。在满足前述条件的情况下，转基因作物的种植行为属于APHIS监管的环境释放行为或EPA监管的内置式农药使用行为而受到它们的监管。

美国农业部主要负责种植安全，监管转基因作物的种植、进口以及运输，监管程序包括备案和许可两种，其关注的焦点是转基因生物是否会成为植物有害生物及其对农业和环境的潜在风险。FDA负责转基因生物的食用和饲用安全性评估，其评估程序属于自愿咨询程序，分为早期食品安全评估和上市前备案。FDA认为转基因产品没有安全问题后，会撰写咨询备忘录并公示。另外，转基因动物的研发试验、环境和食用安全评价等都由FDA监管。EPA监管的重心是转基因作物的杀虫特性对环境和人类的安全，主要程序有试验许可和登记制度。EPA的监管范围并不是转基因作物本身，而是转基因作物中含有的杀虫和杀菌等农药性质的成分。

美国转基因作物的审批要经过美国农业部（USDA）、食品药品监督管理局（FDA）与环境保护局（EPA）等部门展开跨部门合作。各管理部门的职能和责任如下。

（1）美国农业部

美国农业部的动植物检疫局负责生物工程作物产品的管理。其责任是要确保新推荐的产品不会对环境造成新的危害，控制转基因作物在州之间的流通和田间试验。基因工程创制的新作物需提供所有信息，如新基因、种源、试验目的，以及为防止作物本身、作物片段和花粉从试验地流失所需采取的必要措施。美国农业部有权禁止检疫昆虫和检疫植物的入境和传播。

（2）食品和药品管理局

食品和药品管理局职责是确保为人类提供的食品安全。如果一个产品是通过转基因获得的，将不再被认为是原品种产品，标签必须注明该产品是转基因作物产品，如果标识不明确，食品和药品管理局有权对该食品采取必要措施。

第八章 转基因大豆的安全管理与监测

（3）环保部门

环保部门批准对人类和环境有利的生物工程农药和有抗虫、抗病、耐除草剂等特征的生物工程作物，并规定作物的最高允许农药残留量。

（4）生物技术的管理

生物技术的管理是涉及上述3个部门的协调工作，作为一项新技术，转基因技术需经过反复严格的检查。3个管理部门在各自的责任下达成一致的意见，并非易事。每个部门都要确保新技术的引进不会有害于人类和环境。美国的环境保护组织也通过建设性的建议和措施，确保新技术的引进不会对环境安全构成影响。

2019年6月11日，特朗普在艾奥瓦州签署了名为"实现基于生物技术农产品审批框架现代化"的行政命令（图8-2）。这份行政命令提到，生物技术能起到帮助美国满足粮食需求、食品安全、提高农民生产力等作用。根据定义，"基于生物技术的农产品"是指通过基因工程等手段发展而来的动植物及其产品，但用于非农（医药及工业成分）目的的不在此列。这一行政命令要求美国农业部、食品药品监督管理局与环境保护局开展跨部门合作，放宽对相关转基因农产品的审批流程。并通过设立信息公示平台、支持科学研究、将相关内容纳入课堂教学等方式，增强消费者信心。这份行政命令缩短了审批时间、降低了生产成本，并对审批环节提供了"更大的确定性"，利好"水深火热"之中的美国大豆种植者。

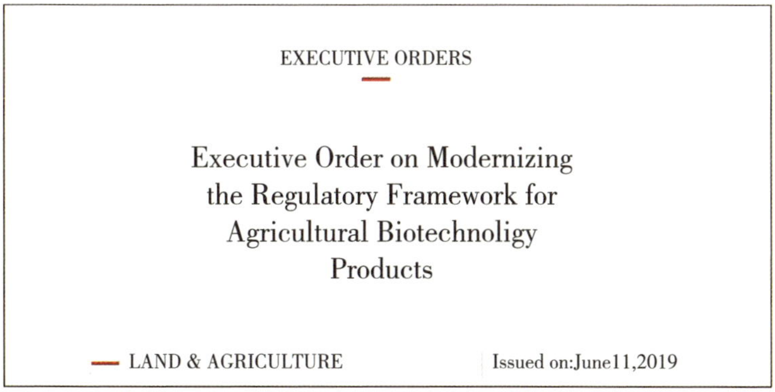

EXECUTIVE ORDERS

Executive Order on Modernizing the Regulatory Framework for Agricultural Biotechnoligy Products

— LAND & AGRICULTURE   Issued on: June 11, 2019

图8-2 "实现基于生物技术农产品审批框架现代化"行政命令

进入21世纪，美国农产品出口增速加快，对华出口总额提升明显。2012年，中国首次超过加拿大，成为美国农产品最大的海外市场。2000—2018年，大豆是美国出口总额最高的农产品，其出口额占同期美国农产品出口总额的13.98%。并且从农产品出口结构变动趋势看，大豆、玉米和棉花的出口规模出现上升，特别是大豆，在总出口中的比例也从10.26%上升到12.22%。

第二节　巴西转基因大豆安全管理

巴西是以农业为支柱产业的发展中国家。巴西也是转基因作物种植大国，仅次于美国居转基因作物种植面积的第二位。2018年和2019年，中国内地从巴西进口大豆6 880万t和6 690万t，占中国大豆进口总量的75.1%和75.6%。

一、安全性审批过程

巴西宪法规定，全体公民皆有权享有生态平衡、全体公民共有、健康生活品质所必需的自然环境，公共权力与集体具有为当前及未来的世代保护并保育自然环境的义务。为了确保这项权利的有效性，政府有责任保护国家遗传资源的多样性和完整性，并监控用于研究和操作的遗传材料；要求事先就可能造成环境严重退化的工程或活动进行环境影响调查，必须把调查内容公之于众；并控制对生命、生活质量和环境构成风险的技术、方法和物质的生产、销售和使用。

1995年1月5日颁布的8974号法律，将"生物安全"一词正式引入巴西法律中，该法又被称为巴西的第一部《生物安全法》。2005年3月24日，巴西国民议会通过了第11.105号法律，被称为新的《生物安全法》，该法律终止了该国有关转基因生物的立法争议。依据转基因生物的研究和商业活动的一般规则,第11.105号法律规范了宪法原则,并建立了用于监控涉及转基因生物及其副产品的安全标准和机制。该法律将转基因生物(genetically modified organisms,GMO)定义为遗传物质(DNA/RNA)被基因工程技术修饰过的生物体。以鼓励在生物安全和生物技术、保护生命和动植物健康以及遵守环境保护原则方面的科学进步。此外,它还建立了转基因生物研究的授权程序,并设定了转基因生物生产和销售的规则、向环境中释放的限制、转基因作物种植限制制度、报告释放的要求、转基因生物研究活动及其商业性检查和监督的制度、当局执行释放的程序,以及对食品中转基因生物含量的限制等规范。最后,它还规定了对行政违法行为和刑事犯罪的惩罚。

依据第11.105号法律,巴西建立了国家生物安全委员会(Conselho Nacional de Biossegurança,CNBS),重组了巴西国家生物安全技术委员会(Comissão Técnica Nacional de Biossegurança,CTNBio),并规定了巴西生物安全政策。要求在巴西开展相关活动或项目的所有国家或外国公共和私人组织,必须在开始活动之前获取CTNBio颁发的生物安全质量证书。CTNBio还需要通过规范性决议负责为其权力主体制定生物安全指南。该法律授权CTNBio对新技术如何影响该国的环境以及人类和动物健康进行评估,然后在必要时授权该委员会制定针对这些新技术的法律规范。生物安全法实施条例主要涵盖以下4项内容。第一,CTNBio的职责:①监测和评定各项产品的风险指标;②认证从事转基因产品的化验室、机构和企业;③执行转基因产品销售的审批权,但需经委员会27人中的2/3成员同意;上述①和②项涉及的评定审批权力只需经简单多数通过。第二,最高权力机构:CNBS为最终决策机构。第三,人体胚胎细胞的研究:复制人体细胞只能用于医疗研究,不能受孕用;人体胚胎干细胞必须冷冻3年后才可使用。第四,处罚措施:对未经允许进行的转基因和克隆人的活动将处以2 000雷亚尔至150万雷亚尔罚款。该法令还基于科学的标准和分析方法重新设置了巴西转基因作物的审批程序。转基因生物和产品的审批应在120天内完成，在特殊情况下，最多可延长至180天。在登记和审批过程中，应与CTNBio/FONT相关技术观点保持一致，禁止逾越与生物安全相关的技术要求。当CTNBio/FONT对某种转基因作物及其产品的商业化生产的技术观点存在分歧时，注册和监管机构应在30天内请示国家生物安全理事会。

二、田间种植和监管状况

1. 田间种植状况

1998年转基因作物研发伊始，巴西政府禁止种植和销售转基因大豆，一经发现不但加以没收并销毁，还要判处1～3年的监禁。但由于转基因大豆的经济效益及政府监控措施不力，巴西农民非法种植转基因大豆成为普遍现象，种植面积逐渐扩大。特别是在南里奥格兰州，农民从阿根廷走私转基因大豆种子回国种植。2003年，巴西政府正式认可巴西可以种植转基因大豆，并写入法律来确保转基因大豆种植者的利益和维护社会稳定。由于转基因大豆种植面积快速增长，使巴西成为世界第一大豆出口国。转基因技术的应用，也为巴西农业和农民带来了实实在在的效益。

2. 监管状况

巴西转基因生物安全管理机构包括国家生物安全理事会、国家生物安全技术委员会、政府相关部门等。2005年3月24日，巴西第11.105号法律与负责风险评估和管理的4个主要组织建立了一个生物安全监管框架：国家生物安全委员会（CNBS）；国家生物安全技术委员会（CTNBio）；内部生物安全委员会（Comissão Intera de Biossegurança，CIBio）；农业、畜牧业和食品生产部，卫生部，环境部，水产养殖和渔业部等登记和检验机构（Registration and Inspection Bodies，OERF）。多家机构协同制定生物安全指导方针、进行风险评估和行政监督规则。

CNBS为最终决策机构，成员共11人。由共和国总统公民议会首席长官任主席，科技部、土地开发部、农业部、司法部、卫生部、环保局、工业发展与对外贸易部、外交部、国防部9个部门的部长和总统办公室水产养殖和渔业特别大臣为成员。CNBS下设立秘书处，负责日常事务。CTNBio委员27名，由现职成员及其代理人组成，科技部任命。委员应为巴西公民，具有博士学位，科学知识渊博，技术能力得到认证，在生物安全、生物技术、生物学、人类动物健康和环境学术前沿领域十分活跃的人士。任何使用基因工程技术的机构以及开展转基因生物及产品研究的单位，都应建立内部生物安全委员会（CIBio），并指派一个主管技术员，他负责每一专门项目的安全管理工作，包括：①向本单位成员和工人讲解有关生物安全方面的注意事项，如易被感染的操作活动，哪些程序可能发生事故，以及健康和安全事宜；②实施预防和监控措施，保证设备操作在CTNBio限定的生物安全标准之下进行；③为CTNBio提供所有涉及本单位转基因生物及其产品安全性评价、注册、审批的申请材料，以便相关机构分析、注册、批准；④持续记录每一转基因生物及其产品的活动和项目的个人监控结果；⑤向CTNBio、审批机构、监测机构以及工会报告对接触人群的风险评估结果以及任何能导致生物技术样品扩散的意外事件和事故；⑥调查与转基因生物及其产品相关的事故和疾病，将结论和检测方法提供给CTNBio。卫生部、农业部、环境部、总统办公室水产养殖和渔业特别秘书处下属的行政管理及监测机构等政府相关部门，应与CTNBio/FONT技术观点、CNBS规则及法律法规提供的机制保持一致，负有以下责任：①检验从事转基因生物的研究性活动；②检测和管理用于商品化生产的转基因生物及其产品；③批准进口用作商品的转基因生物及其产品；④及时在生物安全信息系统刊登最新开展转基因生物及其产品活动和项目机构和个人的信息；⑤向公众提供注册和批准的信息；⑥加强法律惩罚力度；⑦辅助CTNBio制定物安全评价参数。国家建立生物安全信息系统，发布与转基因生物及其产品相关的分析、批准、注册、监控、调查活动的信息。生物安全信息系统应在法律修改生效的当日,将法律法规及行政规章的修改和增补对转基因生物及其产品的生物安全法的影响进行发布。

按照巴西国家生物安全技术委员会第16号规范,对批准商用转基因生物的一般性流程的规定,与转基因生物相关的任何商业活动都应由相关机构的CIBio主管提交给巴西国家生物安全技术委员会进行评估,并附上经生物安全技术委员会批准的生物安全证书。该证书是在生物安全技术委员会分析授权研究机构在其设施内处理转基因生物,考查机构满足所需的安全水平后颁发的。此外,生物安全风险评估的完整和详细档案也需与商用申请书一并提交。风险评估指南是在第5号具体规范决议中制定的,该决议为转基因生物及其衍生物的商业发布规定了标准规则。巴西国家生物安全技术委员会将评估风险并编制技术报告。如果批准商用,则转发给负责生产和营销的转基因生物注册的登记和检验机构。

新的生物安全法,对违法行为的处罚十分严厉,分为行政处罚和刑事处罚两种。例如,使用、销售、注册、申请专利限制使用的生物技术,处以1~4年的监禁并进行罚款;违反CTNBio及注册、监管机构制定的标准,未批准而生产、储藏、运输、销售、进出口转基因生物及其产品,处以1~2年的监禁并进行罚款。

巴西有关转基因生物的重要法规还有第8078号法,该法赋予国内所有消费者以知情权。依据这一法律,巴西司法部建立了食品标识体系,规定人食用或饲料用食品或食品成分中如有超过1%的转基因生物成分,必须在商品标签上注明并附转基因标志(黄色三角形中含有字母T)。

保留常规大豆的种植是转基因大豆种植的必要条件。巴西法律规定,每个种植转基因大豆的农场,必须有至少20%的非转基因大豆,目的是作为"庇护所",让靶标杂草和靶标害虫有存活空间,不会迅速变成抗药性更强的品种。

第三节　阿根廷转基因大豆安全管理

20世纪80年代中期，孟山都公司与掌握着当时阿根廷优质大豆品种的Upjohn旗下的Asgrow International达成协议，同意该公司拥有抗农达（有效成分草甘膦）转基因技术免费试用权，把耐草甘膦基因导入Asgrow International的大豆品系，研发成功了适合阿根廷种植的转基因大豆种子，也成为首个获得阿根廷政府批准的商业化种植的转基因大豆品种。阿根廷作为世界第三大转基因作物种植国，2003年转基因大豆种植面积就接近饱和，2018年转基因作物种植面积达2 390万hm^2，转基因作物种植接近100%。该国在生物技术研发、产业化和产品国际贸易方面走在了世界前列，并形成了较为完整的法律监管体系。

一、安全性审批过程

阿根廷农畜渔食秘书处（the Secretariat of Agriculture, Live-stock, Fisheries, and Food；SAGPYA）是该国生物技术及其产品的主管部门，也是转基因作物产业化的最终决策机构。审批程序有环境释放的审批、生产性试验和产业化种植的审批。阿根廷政府意识到转基因作物产业化的法律监管复杂，需要多个机构共同参与，监管主体的协调程度在一定程度上决定了监管的绩效。因此，在阿根廷设立的审批体系中，采取了每个机构分阶段管理的模式，即在转基因作物的实验研究阶段、环境释放阶段、生产性试验阶段和产业化生产阶段，采取不同的监管措施。从实践运行来看，各监管主体组织结构健全、权责划分明确、分工得当、协调适度，正是其保证了阿根廷转基因作物产业化法律监管体系的有效运行。也有很多值得我国学习借鉴之处。

阿根廷对转基因作物的产业化规定了较为严格的审批条件和程序，转基因作物获得产业化批准前，至少满足4个条件：①通过农业生物技术咨询委员会（The National Advisory Commission on Agricultural Biotechnology，CONABIA）的环境风险评估，获得环境释放和生产性试验许可；②符合全国农产品健康和质量行政部（The National Agrifood Health and Quality Service，SENASA）关于食品安全评估的规定，证明产品安全；③经国家农产品市场管理局（National Directorate of Agrifood Markets，DNMA）的市场分析，预判得出该转基因作物的产业化将对该国的国际贸易产生利大于弊的影响；④获得SAGPYA的最终批准后，在其下设的国家种子研究所（The National Institute of Seeds，INASE）进行新品种登记。为了能够消除人们对转基因食品不安全、影响身体健康等一系列的怀疑，阿根廷对转基因作物的产业化管理的整个审批流程经过一次次严密的修订和较为严格的审批条件和程序。

阿根廷政府对转基因作物研发以及食品安全审批严格、高效管理。为了快速利用新的转基因品系，甚至可以从政策上缩短审批时间，但并未忽略严格评价产品的质量和品质，从而能够充分发挥自己的特点和长处，提升自身的创新和竞争能力，不断创造新的转基因品系，使得该国生物技术产业在促进国民经济发展中发挥了重要作用。

二、田间种植和监管状况

1. 田间种植状况

自1996年首次批准转基因大豆产业化种植以来，阿根廷开始从孟山都公司引进转基因大豆并培育出适合当地种植的品种。随之带来的丰厚收益使得转基因作物的种植在阿根廷迅速普及。阿根廷转基因作物的种植面积不断增长，仅次于美国、巴西，成为世界上第三大转基作物种植国。种植

第八章 转基因大豆的安全管理与监测

转基因作物为阿根廷带来巨大的经济效应，而农场主成为最大的受益者。20世纪80年代，阿根廷最富饶的农业区潘帕斯草原水土流失严重，土地肥力下降导致收益率下跌。为解决这个问题，阿根廷开始研究农业免耕制度，但除草问题一直阻碍着免耕制度的推广。一方面，免耕需要使用多种除草剂除草，费时、费工、成本高；另一方面，虽然当时已有广谱除草剂用于免耕田，但是费用昂贵、降解困难限制着其进一步应用。此时，孟山都除草剂农达已经以其广谱、高效风靡全球，一次性能杀除大多数杂草，极大地减少农户的除草次数和除草剂投入成本，同时具备低毒和易降解等优点。尤其是1991年农达国际专利过期后，农达零售价格每千克从1991年的33.99美元降至1996年的23.49美元，草甘膦的大幅降价广受农户欢迎，也进一步促进了农达在阿根廷的应用，对转基因大豆种子进入阿根廷市场起到了推动作用。种植转基因大豆不需要像传统除草剂一样在大豆田种植过程中多次喷施，每公顷除草费用减少24～30美元，同时人工耕作也明显减少。

目前阿根廷种植的大豆基本上为转基因大豆，转基因玉米和转基因棉花分别占96%和100%。

2. 监管状况

经过20多年的发展，阿根廷已经形成了比较完整的转基因作物产业化法律监管体系。总体而言，监管既体现了合理的防范水平，又以广大公众的期望和主管当局的要求为基础。风险评估基于科学，来自学术界的科学家的早期参与是制定一套健全的监管框架和决策流程的关键所在。

阿根廷农业部自2012年宣布实施新的阿根廷农业转基因监管框架。修改后的监管体系目标是将新事件的审批时间由42个月缩短至24个月，大大加快了田间试验和商业化应用。

（1）法律监管的依据

阿根廷目前并没有转基因作物产业化监管的专门立法，转基因作物产业化监管的法律体系主要包括法案、决议和条例3个层次，法律内容包括监管的主体、机构、管辖范围、内容和程序等。

（2）法律监管的管理机构

农畜渔食秘书处（SAGPYA）是阿根廷生物技术及其产品的主管部门，也是转基因作物产业化的最终决策机构，下设国家农业生物技术咨询委员会（CONABIA）、全国农产品健康和质量行政部（SENASA）和国家种子研究所（INASE）3个机构。此外，国家农产品市场管理局（DNMA）和国家生物技术与健康咨询委员会也参与转基因作物产业化的监管。

3. 法律监管程序

农业生物技术新规范框架于2012年实施，新框架减少了审批时间和审批过程中的烦琐步骤，实施后转基因事件的审批速度加快。新事件评估遵循个案分析原则，在自然环境、农业生产及人或动物健康受到威胁的情况下，采用科学和技术标准进行评价。

根据阿根廷转基因生物安全管理的规定，科研机构进行实验研究不是必须得到CONABIA的许可，只须向CONABIA报告其研究的类型。因为批准实验研究并不意味着环境释放和生产性试验，更不意味着产业化必然得到授权，因此，该国认为在实验研究前进行审查既烦琐也无必要。然而，大多数公司和公共研究机构在进行此类研究前仍习惯于向CONABIA提出申请，CONABIA审查后提出一些具体的建议、规定实验应具备的条件和遵守的规则。科研单位在实施实验研究过程中必须遵守这些生物安全准则，否则CONABIA将进行干预。

进行充分的田间试验后，试验单位便可向CONABIA申请实施生产性试验（flexibilization），即在生产和应用前进行的较大规模的试验。生产性试验审批主要包括转基因作物的环境风险评估及食品安全评价两项内容。环境风险评估主要对转基因作物变成杂草的可能性、转基因作物与其他非转基因作物或转基因作物相互之间杂交的可能性、转基因植物的遗传物质向其他动植物和微生物发生转移的可能性、转基因植物的遗传稳定性、转基因植物对生态环境的有害作用和对人类健康的不良影响等5项内容进行评估。转基因食品安全的审查主要由SENASA完成,根据阿根廷511/98号决议,具体由SENASA内设的技术咨询委员会负责,主要评估转基因产品的天然毒性及其毒性的新形式,转基因产品营养成分的变化,转基因产品对环境、生物多样性的影响,转基因产品对人类和动物健康可能产生的影响等。通过以上两种形式的评估后,申请人即可进行相应的生产性试验。

在进行食品安全审查的同时,国家农产品市场管理局(DNMA)将对转基因作物产业化进行市场分析,考察评估转基因作物产业化对阿根廷国际贸易可能产生的影响。评价的主要内容包括:该作物(未进行基因改造之前)过去3年在阿根廷国际贸易中的地位;目前在各出口国中所占的市场份额;各国相关产品的出口与阿根廷的出口存在何种相关性;该转基因作物产业化后相关产品在阿根廷市场中所占份额可能发生的变化;转基因产品进口国的法律和管理规则及其国内消费者对转基因产品的接受程度和消费意愿等。

阿根廷对转基因产品标签管理目前没有具体规定。当前的监管体系是基于产品的特征和已确定的风险,而不是产品的生产过程。

大多数阿根廷科学家和农民都对利用生物技术提高作物产量和营养价值同时降低农药的使用量的前景持积极乐观的态度。2004年,阿根廷政府将生物技术列为学校的一门必修课程,以普及生物技术产品的知识,提高公众对转基因的接受程度。

阿根廷从一个非常原始的农业国家通过不断技术革新发展到今天的农业生物技术大国,是与政府对农业生物技术的大力支持和鼓励分不开的,同时该国注重广泛的国际合作引进新的技术、新的理念,促进自身的转基因作物研发和商业化,借此机会参与到全球大豆产业链及全球的市场,同时,科普教育和宣传活动消除了公众疑惑。这种对农业生物技术采取积极开放的战略，对我国生物技术育种研究和推广起到了示范作用。

第四节　中国转基因大豆安全管理与监测

我国参照国际通行指南，借鉴美国、欧盟等管理经验，立足国情，建立了严格规范的农业转基因生物安全管理制度，以确保安全和国家利益。一是建立健全了一整套适合我国国情并与国际接轨的法律法规、技术规程和管理体系，涵盖转基因研究、试验、生产、加工、经营、进口许可审批和产品强制标识等各环节。国务院颁布了《农业转基因生物安全管理条例》，原农业部制定并实施了《农业转基因生物安全评价管理办法》《农业转基因生物进口安全管理办法》《农业转基因生物标识管理办法》《农业转基因生物加工审批办法》等多个配套规章，原国家质量监督检验检疫总局施行了《进出境转基因产品检验检疫管理办法》。二是加强技术支撑体系建设。遴选专家组建国家农业转基因生物安全委员会，负责转基因生物安全评价和开展转基因安全咨询工作。组建了全国农业转基因生物安全管理标准化技术委员会，已发布200多项转基因生物安全标准。认定了40个国家级的第三方监督检验测试机构。三是建立了转基因生物安全监管体系，国务院建立了由农业、科技、环保、卫生、食药、检验检疫等12个部门组成的农业转基因生物安全管理部际联席会议制度。原农业部设立了农业转基因生物安全管理办公室，负责全国农业转基因生物安全的日常协调管理工作。县级以上地方各级人民政府农业行政主管部门负责本行政区域内的农业转基因生物安全的监督管理工作。四是加强了转基因标识的管理，发布了农业转基因生物标识目录和《农业转基因生物标签的标识》，对转基因大豆、玉米、油菜、棉花、番茄等5类作物的17种产品实行按目录强制标识。

第八章 转基因大豆的安全管理与监测

一、安全审批过程

1. 农业转基因生物有关管理条例

根据国际相关组织和多数国家的策略，中国政府先后制定并颁布了农业转基因生物安全管理法规，旨在促进中国农业转基因生物技术研究、保障人体健康和动植物、微生物安全，保护生态环境，推进科技创新。国家科学技术委员会于1993年12月24日发布了《基因工程安全管理办法》，要求转基因生物释放之前必须进行安全性评估。根据这一原则，农业部在1996年7月颁布了《农业生物基因工程安全管理实施办法》，按照此办法规定，农业部设立了农业生物基因工程安全管理办公室，并成立了农业生物基因工程安全委员会，负责全国农业生物遗传工程体及其产品的中间试验、环境释放和商品化生产的安全性评价。从1997年开始，农业部的安全委员会每年受理两次申请。国务院颁布实施了分别于2001年和2002年颁布《农业转基因生物安全管理条例》和《转基因植物安全评价指南》并于2017年修订，也出台了一系列"转基因生物成分检测、环境安全和食品安全评价标准"指明了转基因生物安全评价原则、标准及规范。2002年1月5日农业部第8号令发布了《农业转基因生物安全评价管理办法》，按照对人类、动植物、微生物和生态环境的危险程度，将农业转基因生物分为以下4个等级：安全等级Ⅰ，尚不存在危险；安全等级Ⅱ，具有低度危险；安全等级Ⅲ，具有中度危险；安全等级Ⅳ，具有高度危险。同时发布了第9号令《农业转基因生物进口安全管理办法》、第10号令《农业转基因生物标识安全管理办法》，对进口转基因农产品进行安全管理，并规定今后农业转基因生物必须按规定进行标识。首批标识的转基因生物有5类：第一类包括大豆种子、大豆、大豆粉、大豆油、豆粕；第二类包括玉米种子、玉米、玉米油、玉米粉；第三类包括油菜种子、油菜籽、油菜籽油、油菜籽粕；第四类为棉花种子；第五类包括番茄种子、鲜番茄、番茄酱。

2. 转基因作物的安全性评价模式

为保障《农业转基因生物安全管理条例》及其配套管理办法的顺利而有效的实施，作为农业转基因生物的主管部门，原农业部出台了转基因生物的安全评价制度。凡在中国境内从事农业转基因生物的研究、试验、生产、进口活动必须按规定进行安全评价。安全评价按照植物、动物、微生物3个类别，根据安全等级Ⅰ、Ⅱ、Ⅲ、Ⅳ的不同以及按实验研究、中间试验、环境释放、生产性试验和申请安全证书5个不同的阶段进行报告或审批。总之，适用于管理范围内的所有农业转基因生物都要经过安全性评价，批准后方可开展相应的工作。安全性评价申请由研发单位按照农业部颁发的《农业转基因生物安全评价办法》之附录提交转基因作物田间试验申请书。我国转基因作物评价以作物品种为基础，每个转基因作物品种都要经过中间试验、环境释放、生产性试验3个阶段。所有转基因植物田间试验按照阶段性逐步深入，田间试验的第一个阶段从中间试验开始，中间试验的地点和规模不超过两个省，每个省试验点不超过3个，试验总面积不超过4亩（多年生植物视具体情况而定）。转基因作物试验年限一般1~2年。转基因作物完成中间试验后可申请田间试验的第二个阶段——环境释放。环境释放是在中间试验基础上扩大种植面积，更深入地进行安全性评价研究。环境释放的地点和规模不超过两个省，每个省试验点不超过7个，试验总面积在4~30亩（多年生植物视具体情况而定）。转基因作物完成环境释放试验后可申请田间试验的第三个阶段——生产性试验，生产性试验必须在批准过环境释放的省份进行，不超过两个省，每个省不超过5个点，试验总面积大于30亩，试验面积按照个案分析原则视具体作物而定。对转基因产品作为饲料与食品加工原料进口的安全性评价，我国实行验证制度，即该产品在技术开发国家取得最后商业化种植的解除管制批准后方可向农业部提交申请，经安委会评审、农业部批准后，由农业部指定国内具有转基因作物及其产品食品安全与环境安全检测资格的检测机构进行环境安全与食品安全的验证试验。验证实验内容与安全性评价一样，环境安全检测包括遗传稳定性、荒地与栽培地的生存竞争能力，抗虫作物要研究对靶标与非靶标生物的影响，耐除草剂作物进行耐除草剂功效试验以及花粉漂移试验等。转基因作物进口验证试验中的食品安全评价包括大鼠90天的喂养试验、营养成分检测和抗营养因子检测。在国内检测机构完成环境安全与食用安全验证试验后，跨国公司方可向农业部申请转基因作物产品的进口安全证书。经国家农业转基因生物安全委员会评审推荐，由农业部批准颁发"农业转基因生物进口安全证书"。谷物或者纤维材料贸易商凭"农业转基因生物进口安全证书"向农业部申请。

3. 中国转基因作物的安全监管

在转基因作物进行田间试验期间，国家农业转基因生物安全管理办公室有关人员和试验所在省农业转基因生物安全办公室有关人员要从转基因作物的播种期开始进行监管。每个试验阶段结束后，转基因作物材料要按照条例采取安全性措施，需要收获的转基因材料，应单独收获、单脱、单藏，由专业技术人员专人运输和保管。试验完毕后，除需要保留的材料外，剩余的转基因实验材料一律烧毁。收获后对试验地实施监管，试验地保留有边界标记，收获后及时翻耕，当年和第二年不再种植该作物，由专人负责监管，及时拔除并销毁转基因作物自生苗。监控时间为两年。生产性试验完成后可申请在相应省进行商业化种植的安全性证书。安全性证书有效期限是5年。为了加强对转基因作物田间管理，2006年5月农业部发布了《转基因作物田间试验安全检查指南》，进一步强调了转基因作物田间管理的重要性，规范检查方法和检查内容。指南适用范围是对所有农业部批准实施的转基因作物在中国境内的中间试验、环境释放、生产性试验根据农业部批准申请人开展相应试验的审批书上的要求进行监督检查。指南还规定检查时间应在播种期、生长期（异交作物、常异交作物应在开花前）、收获期或试验结束后4个时期内进行。田间检查人员由各级农业行政主管部门，主管人员，同时可邀请技术依托单位的专家参加。转基因作物田间试验检查采用研发单位自查与主管部门检查相结合的方式进行，重点检查田间试验和安全措施落实情况，行政执法人员根据检查情况提出监控措施或建议，上报省级农业行政主管部门。行政执法人员可根据不同生育期，确定检查内容，例如，作物播种期主要检查试验材料的保存地点与方式、出入库交接手续、包装方式、试验地点、试验面积，根据试验方案检查安全控制措施落实情况，剩余试验材料的处置情况等；开花前主要检查作物环境安全试验记录，包括试验方案、田间调查记录、试验报告等；隔离措施设置，包括试验边界标志、隔离带、花期去雄、去花、套袋、花期不遇等情况，以及试验范围等；收获期主要检查试验材料的收获、保管、处置及植株残留物的灭活处理情况等；试验结束后，主要检查自生植物的去除措施及残留情况。

对转基因作物及其产品的监管，农业部还出台了一系列监管政策和措施。

（1）生产许可证制度

生产单位和个人生产已获得了农业转基因生物安全评价生物安全证书的转基因植物种子、种畜禽、水产苗种，应当取得农业部颁发的生产许可证，在这个前提下才能够开展相应农业转基因生物的生产活动。

（2）经营许可证制度

经营单位和个人经营取得了生物安全证书的转基因植物种子、种畜禽、水产苗种，应当申请取得农业部颁发的农业转基因生物的经营许可证后，才能够从事相应农业转基因生物的经营活动。

（3）标识制度

凡在中国境内销售列入标识目录的农业转基因生物，必须实行标识，同时规定了标识方法。第一批列入标识目录的农业转基因生物有5类17种产品。

（4）进出口管理制度

对进口农业转基因生物按照用于研究试验、用于生产、用作加工原料3种类型实施安全管理，根据不同的类型制定了相应的管理措施，确保进入中国的转基因农产品的环境安全和食用安全。

（5）加工审批制度

对以具有活性的农业转基因生物为原料，生产农业转基因生物产品的单位和个人，应当在取得加工所在地省级人民政府农业行政主管部门颁发的农业转基因生物加工许可证后，才能开展相应的农业转基因生物的加工活动。

二、田间种植和监管状况

近年来，我国已经建立了系统完善的抗虫、耐除草剂转基因大豆的安全评价、监测和管理体系，对转基因种植实现严格管理，为我国转基因大豆的发展及安全利用提供了技术保障。虽然截至目前，转基因大豆尚未在我国商业化种植，但从2020年开始我国已经颁发了SHZD3201、中黄6106、DBN9004等3个耐除草剂大豆转化体的生产应用安全证书，标志着我国转基因作物研发、管理的成效和转基因大豆安全评价技术的进步。

第五节 靶标生物抗性监测与治理

一、害虫对Bt蛋白的抗性监测及治理

随着转Bt基因作物的大面积推广应用，害虫对转Bt基因作物的抗性问题成了其面临的主要生态风险。由于转Bt作物能够持续表达杀虫蛋白，因而长期种植转Bt作物将会加速靶标昆虫的抗性进化。迄今为止，在田间与实验室

研究中已经发现有十多种昆虫对Bt杀虫蛋白产生了抗性。同时，获得抗性的昆虫对其他Bt制剂或毒素有产生交互抗性的风险。

（一）抗性监测

抗性监测是抗性治理的重要组成部分，通过抗性监测可以了解害虫群体的抗性水平及抗性频率，为抗性治理提供依据。实施抗性治理措施后，通过监测害虫抗性水平和抗性等位基因频率的变化，可对整个治理方案或不同阶段抗性治理的效果提供数据。

1. 测定害虫的抗性倍数

传统的抗性监测方法主要是通过测定田间种群的剂量-反应曲线，计算出杀死害虫种群50%的剂量，即LD_{50}或LC_{50}、LD_{90}或LC_{90}，再与敏感基线比较来确定抗性水平。由于转基因作物中Bt的表达量难以定量，通常将Bt制剂和含单一Bt杀虫蛋白的制剂与饲料混合，等比配置一系列浓度，饲喂一定龄期的幼虫，一定时间后记录死亡虫数。统计每个浓度的死亡率，计算浓度对数-死亡概率值的独立回归和LC_{50}值，再与敏感品系的LC_{50}比较来确定抗性倍数。该方法的主要特点是测定群体里大多数个体对药剂的反应，在抗性频率较高时是比较方便和有效的，但是往往忽略了群体中少数抗性个体的反应，在抗性的个体频率较低时，LC_{50}值不易随着抗性个体的频率的微小变化而产生改变。通常1~3倍的抗性倍数属于敏感性下降阶段，而此时的抗性个体频率常常达到5%~10%。抗性个体数量比较少时，群体的LC_{50}值并不会有明显的变化，而当抗性个体频率比较高时，群体的LC_{50}值才会有显著的变化，而这时候进行抗性治理已经比较困难，因为由此测出的抗性水平往往具有滞后性。

2. 生物诊断剂量监测抗性个体

是在生物测定的基础上发展的诊断剂量，在固定剂量和处理时间，所有个体在此剂量下受试，通常情况下使用杀死大约99%的敏感个体的剂量作为诊断剂量，在此剂量下，存活个体为抗性个体。这种方法试材用量少，省工省时，缺点是没有办法计算LC_{50}，但可以根据抗性频率预测LC_{50}。

3. 田间监测法

在转基因作物大面积种植的区域可以通过这种方法进行监测。通过田间抽样的方法，估计抗性基因频率。但是在转Bt作物上存活的害虫有可能是假抗性个体，由于种子纯度、庇护所等因素，有些害虫避开了毒素存活下来。因此，需要进一步通过实验室试验来证实。

4. 生理生化和分子生物学检测方法

用神经电生理法可以研究抗性昆虫和敏感昆虫的神经靶标敏感性差异，但是由于此方法需要精密的电生理仪器和熟练的操作技术，而且还需要知道主要的抗性机理是否与靶标部位敏感性降低有关，因此目前只作为生物测定的辅助手段。随着抗性机理的深入研究，生物化学和分子生物学方法检测技术得到了快速发展，通过对酯酶、乙酰胆碱酯酶、谷胱甘肽-S-转移酶和多功能氧化酶的活力分析和免疫分析，国内外先后发展了检测和识别单个生化抗性机制的检测方法。聚合酶链式反应（PCR）和限制酶切片段长度多型性分析（restriction fragment length polymorphism，RFLP）技术的发展与应用，使得人们能够直接针对抗性基因进行检测和识别，提高了对极低抗性频率的监测能力。

（二）抗性治理策略

在抗性监测的基础上采取多策略延缓害虫对转Bt基因作物抗性产生。

1. "高剂量/庇护所"的策略

"高剂量/庇护所"是目前国内外Bt抗性治理的主要技术对策，以延缓害虫的抗性发展速度，延长Bt抗虫作物的使用寿命。其主要原理：在抗性作物周围种植一些非抗性作物，作为敏感害虫的庇护所，使敏感个体与抗性植株上的抗性个体随机交配，产生杂合子后代，减少抗性个体之间杂交机会。这些杂合子后代，在抗性植株上不能存活，从而达到治理害虫的目的。"高剂量"是指Bt抗虫作物品种纯度高，杀虫蛋白的表达量高，为杀死敏感种群所需要杀虫蛋白浓度的25倍，达到该剂量的抗虫作物将能杀死绝大多数杂合子后代，从而起到稀释害虫抗性基因和延缓抗性发展的目的。

2. 多毒素策略

目前已发现的抗虫基因有多种，除常见的Bt基因外，还有淀粉酶抑制剂基因、外源凝集素基因、几丁质酶基因、核糖体失活蛋白基因、脂肪氧化酶基因、蝎毒素基因、营养杀虫蛋白基因、胆固醇氧化酶基因等。计算机模拟实验证明，将两个不同的基因同时转入同一个体，其抗虫持久性可由含单一基因的8~10年延长到20~30年。

3. 保持种子纯度

保证种子的高纯度，杀虫蛋白表达量高，并通过行政和技术措施控制自行繁种，以免种子混杂导致杀虫效果降低而加速抗性发展。

4. 轮换种植或混系种植

对一种毒素蛋白产生抗性的害虫不一定对另一种毒素蛋白产生抗性，因此可以将不同抗虫蛋白转化到同一个植株，或者培育出携带不同抗虫基因的转化体进行轮换种植，从而降低害虫群体的发展。

5. 建立综合治理技术体系

采取综合防治措施能优化群落结构，增加主要天敌数量，降低次要害虫上升的风险,从而可有效地延缓害虫对Bt毒素的抗性。根据不同害虫的发生规律,在不同气候变化下制定相应的防治策略,如遇高温干旱则可能导致甜菜夜蛾等害虫大发生,凡出现此类气候特征,应降低这类害虫的防治指标,以化学防治为主,协调传统防治手段和转基因抗虫作物的抗虫效力,并充分发挥各自的作用。

6. 田间抗性监测

对害虫田间动种群态进行有组织的多地、定位监测,可以为抗性治理决策和制定应急对策提供重要依据,是害虫抗性治理计划中必不可少的重要环节。

二、杂草对除草剂的抗性监测及治理

耐除草剂大豆是转基因大豆的主体。随着草甘膦等除草剂在耐除草剂作物田的持续应用,杂草对靶标除草剂抗性问题不可避免。尤其是连续单一种植抗同一种除草剂的转基因作物,容易使一些耐除草剂相关的等位基因在杂草个体上富集,从而产生抗性种群。

(一)抗性监测

抗性监测是杂草抗性治理的重要组成部分,通过监测,了解一个区域内种植的耐除草剂作物田对靶标除草剂产生抗性的杂草种类、抗性频率和抗性水平,为抗性治理提供依据。

1. 生物测定法

最传统生物测定法是整株测定法,在此基础上,根据除草剂的作用机理还衍生出分蘖检测法、培养皿种子萌发法、琼脂培养基快速检测法等,下面简要介绍几种最常用的方法。

(1) 整株测定法

在长期种植耐除草剂转基因大豆的田块，采集疑似抗靶标除草剂的杂草种子，从未用过靶标除草剂的生境中采集相同杂草的种子（敏感杂草）。杂草种子在盆钵中培养到一定叶龄后施用一系列梯度的靶标除草剂，通过选择测定和计算不同剂量下杂草的死亡率、鲜重抑制率、干重抑制率等指标，拟合剂量-抑制率反应曲线，计算出生长抑制中量或致死中量值（GR_{50}等），通过疑似抗药性种群和敏感种群的GR_{50}值相比计算出抗性指数（Ri）。这种方法最接近杂草的田间生长情况，因此数据也最能代表田间实际情况，但是工作量较大。因此也可以采用一个最低致死剂量喷施（单剂量甄别），观察靶标除草剂对杂草生长的影响，通过杂草存活率初步判断是否对靶标除草剂产生抗性。这种方法比多剂量整株测定的方法大大减少了工作量，但缺点是只能初步判断杂草种群是否产生抗性，无法判断抗药性水平高低。

(2) 培养皿种子萌发法

这个方法也是在整株生物测定的基础上衍生出来的方法。将杂草种子培养在培养皿内的滤纸上，配置系列浓度梯度的除草剂溶液，定量添加到各培养皿内，定期观察杂草种子在不同浓度靶标除草剂溶液中的萌发和生长情况。通过检测萌发率、根长和芽长等指标确定抗性水平。这种方法和整株生物测定相比工作量较少。

(3) 琼脂培养基快速检测法

琼脂培养基快速检测法同样基于整株生物测定法，但这种方法不需要等到杂草成熟收获种子，而是在苗期直接整株采样，洗去根部土壤，并移栽到含有靶标除草剂的琼脂培养基内，通过观察杂草生长情况来确定抗性程度。这种方法可以在当季除草剂喷施前后开始检测，并根据检测结果制定除草剂施用方案。

2. 生理生化测定法

草甘膦通过抑制植物的5-烯醇丙酮酰莽草酸-3-磷酸合酶（EPSPS）的活性，导致EPSPS脱磷酸化底物莽草酸的大量积累。因此，可以通过检测和比较杂草体内莽草酸的含量来测定杂草是否对草甘膦产生抗性。用一定浓度梯度的草甘膦处理杂草敏感和疑似抗药性种群后，分别采集杂草叶片，测定其莽草酸含量，通过莽草酸的积累量判断其是否产生抗性以及抗性水平。

3. 分子检测法

对于靶标基因明确，并以靶标抗药性机理为主的除草剂抗性杂草均可以采用这种方法检测。对目前最常见的耐除草剂作物的靶标除草剂草甘膦和草铵膦研究表明，靶标基因的关键位点发生突变是其对除草剂产生抗性的重要原因，因此可以通过克隆疑似抗药性杂草的除草剂靶标基因，通过比对碱基序列，明确发生突变的位点，通过靶基因突变情况判断发生抗性的情况。

（二）抗性治理

采用不同作用机理的除草剂轮换使用、种植多作用位点的靶标除草剂抗性作物品种、实施多策略手段，可达到有效治理大豆田抗除草剂杂草的目的。

1. 不同作用机理的除草剂轮换使用或混用

不同作用机理的除草剂轮换使用或混配是抗药性杂草治理的最有效的方法。例如在耐草甘膦或草铵膦的大豆田，除使用草甘膦或草铵膦外，可以根据田间杂草种类轮换使用或混配不同作用靶标的其他除草剂，以降低抗药性杂草发生的频率。

2. 种植多作用位点靶标除草剂抗性品种

种植不同作用位点和多作用位点除草剂靶标抗性的转基因作物，可以喷施多种不同作用位点的除草剂，有效减少或减缓除草剂抗性杂草的发生。如采用叠加草甘膦、草铵膦的性状，合理轮换使用两种除草剂，可有效延缓抗上述两种除草剂的杂草。

3. 综合治理措施

作物轮作能避免栽培系统中使用单一除草剂的副作用，从而延缓杂草对除草剂抗性的产生。合理的轮作有多方面的作用，有许多恶性杂草与特定的作物有着密切的伴生关系，作物轮作可以减弱伴生杂草的生存环境，也可以实现除草剂轮换使用，提高抗性杂草控制效果。此外，用于常规大豆田的控草农艺措施，如合理密植、适当缩小行距、加强水肥管理促进大豆早封行等措施对转基因耐除草剂大豆田杂草抗性治理有较好效果。

4. 加强杂草抗性监测

在转基因大豆田，进行有计划的杂草抗性动态监测，可以为抗性治理决策和制定应急防控对策提供重要依据，也是耐除草剂大豆田杂草抗性治理计划中必不可少的重要环节。

第六节　非靶标生物种群演替与控制

目前，商业化种植的耐除草剂转基因大豆耐受的靶标除草剂为草甘膦、草铵膦、麦草畏等，其中，耐草甘膦的大豆品种占绝对优势地位。在耐除草剂转基因大豆种植模式中，长期大量喷施草甘膦，可杀死田间除大豆之外的几乎所有植物，对环境中的许多以杂草为食物或生境中的微生物、昆虫、鸟类、哺乳动物等是否会产生直接或间接的影响和危害从而引发链式反应，是人们关注的一个重要问题。因此，在转基因大豆的安全监测方面，除了监测其对田间靶标生物的影响外，对非靶标生物的影响监测也是一个非常重要内容。

持续监测转基因大豆对农田食物网中非靶标生物、节肢动物群落、无脊椎动物群落、土壤微生物群落、生物多样性及重要物种和濒危物种的影响，建立相关监测方法与技术标准，分析可能的生态风险，将为构建我国转基因生物的检测、监测与风险管理技术体系奠定重要基础。

一、转基因大豆田非靶标昆虫的监测方法

通常采用直接观察法和吸虫器法这两种方式对大豆田节肢动物群落进行监测。直接观察法从大豆出苗开始到成熟期进行监测，每5天调查1次，调查时每小区对角线5点取样，每点调查1m以内的20株大豆，记载大豆上、中、下3个叶位的节肢昆虫的种类和所处的发育阶段。吸虫器法一般在大豆齐苗后3~5片复叶期开始监测，以后每隔14天监测1次，每处理5点取样共20株，用吸虫器由上往下吸取全株大豆及地面上的节肢动物，吸取的样品用75%乙醇溶液浸泡，带回室内整理和分类鉴定。这两种监测方式互有利弊，直接观测法能够对一些个体大且不易移动的节肢动物进行分辨，而对于一些个体较小的（如姬蜂类）肉眼很难分辨其种类，对容易逃逸的易动（如蜘蛛）、易飞节肢动物，很难及时看清，很难记录。吸虫器法虽然能解决一些小得难以分辨的节肢动物的识别问题，但对一些个体大的节肢动物，由于吸虫器的吸力原因很难吸入，一些不动的昆虫如蚜虫即使见到也很难吸入。由于抽虫次数限制，抽虫的数据比田间直接观测调查的少，这两种方法相互结合才能更好地进行非靶标昆虫的监测。

二、转基因大豆田线虫的监测方法

土壤线虫在转基因大豆的土壤生态环境评价中占有重要地位,通常采用定期土壤取样的方法对线虫群落结构和动态进行监测。在转基因大豆播种前至结荚成熟期间,在监测区用5点对角线取样,每点取5株大豆根部土壤,5个点合并为一个样,充分混匀,带回实验室进一步分离。线虫分离一般采取贝尔曼浅盘法,即用浅盘代替贝尔曼漏斗法中的漏斗,从50g鲜土中分离出来的线虫经60℃水浴杀死后,保存于4%的福尔马林溶液中,线虫总数通过体式显微镜直接观察计数,并折算成100g干土中线虫的数量。每一样品随机抽取至少150条线虫,在倒置显微镜下鉴定到属,并划分为植物寄生线虫、食细菌线虫、食真菌线虫、杂食捕食性线虫等不同的营养类群。为了更好地发挥土壤线虫的生物指示作用,综合各种生态学指数,才能有效地监测线虫群落结构的变化。因此,在线虫群落特征评价中不但引入了Shannon-Wiener多样性指数、Simpson指数等传统生态学指数,而且根据线虫特性提出了线虫所特有的生态学指数,如线虫通道指数、成熟度指数、属丰富度指数、富集指数及结构指数等指标,以更加全面准确地监测土壤线虫群落。

三、转基因大豆田土壤微生物的监测方法

土壤微生物是监测转基因作物对土壤生态系统影响的重要指示生物。土壤微生物的监测方法除了传统的平板培养法和Biolog微孔板法外,磷脂脂肪酸(phospholipid fatty acid,PLFA)分析和变性梯度凝胶电泳(denatured gradient gel electrophoresis,DGGE)等生化与分子生物学分析方法也不断得到应用。

平板培养法需将微生物分离培养,使每个平板只能生长一定数目的微生物群落,通过平板菌落计数确定微生物数量或种类,可以监测自然样品

中的活细菌、放线菌、真菌的种类与数量。由于自然界中大部分微生物处于不可培养状态，因此只能反映少数微生物的信息，不能充分了解土壤微生物的生态功能。

Biolog微孔板法最早由Biolog公司于1989年推出，主要通过微生物对多种碳源的不同利用型来反映微生物群落的功能多样性。微生物对不同碳底物的利用情况可用发生反应的孔的分布及颜色变化—时间关系，即群落水平生理图谱（community level physiological profiling，CLPP）来表示，通过对孔中颜色变化的光吸收值的测量，可获得较系统的土壤微生物群落信息。微孔板法速度快、效率高、价格便宜，在土壤微生物监测中应用较为广泛，但这种方法精度一般，准确率低，并且温育环境与自然状况差异很大，不能原位反应土壤微生物的真实状况。

磷脂脂肪酸（PLFA）是构成活体细胞的重要成分，不同微生物所含PLFA种类不同，且与生物量具有一定的比例关系，随环境因子的变化而变化。因此PLFA的种类和组成可用来描述土壤微生物的群落结构，尤其是微生物群落的动态监测。PFLA一般只能鉴定到属水平，只能分析总微生物群落，且受微生物生长、PFLA的稳定性和萃取率等影响较大。

由于土壤环境的复杂多样性，大多数微生物还难以被检测和识别，但分子生物学技术的应用为土壤微生物的监测提供了新的方法。变性梯度凝胶电泳（DGGE）是目前常用的监测土壤微生物动态的分子生物学方法。通过设计特异性引物进行PCR扩增，得到具有相同序列长度但GC含量（在DNA的4种碱基中，鸟嘌呤和胞嘧啶所占的比率）不同的微生物群体的16S rDNA片段混合物，在变性梯度凝胶中不同GC含量的DNA片段电泳迁移率不同，因而可以区分不同群体。在特异引物的5′端还可以加上40个碱基左右的G-C串，能使DGGE对序列差异的分辨率提高到近100%，因此DGGE技术目前已广泛用于土壤微生物群落结构和种群动态的分析。

转基因生物安全是农业生物技术及其产业发展的重要保障。转基因大豆的安全问题涉及其对动植物、微生物、生态环境和人类健康的安全性，开展耐除草剂转基因大豆对非靶标生物种群的长期监测将为准确评价耐除草剂转基因作物的安全性积累大量科学数据，对农业生态环境及生物多样性的保护具有重要意义。目前，全球转基因大豆面积逐年增长，产业化呈现快速发展的态势，转基因大豆的种植与推广将会带来巨大的经济和社会效益，但随之而来的环境安全和生物安全问题也不容忽视。在今后的转基因生物安全管理工作中，要进一步加强转基因大豆的环境安全监测，形成完整、系统的检测与监测体系，全面评价转基因大豆的安全问题，包括监测转基因大豆对本地生物多样性、靶标生物与非靶标生物的影响，以及监测靶标生物的抗性变化等。逐步建立我国转基因大豆及其产品规模化生产和应用后的安全监测和风险评估技术，形成一套高度集成的、综合性的高效转基因大豆安全管理体系，保障我国转基因作物的安全应用和现代农业的可持续发展。

案例　耐除草剂大豆田杂草管理模式

商业化种植的耐除草剂转基因大豆品种主要有耐草甘膦、耐草铵膦、耐麦草畏等转化体，但以耐草甘膦的品种占优势。耐除草剂转基因大豆的种植使田间杂草防控简单易行，使用相关广谱除草剂时不用担心大豆的安全问题，施药时期灵活，可以大幅度降低生产成本，提高经济效益。因此，种植转基因大豆已成为世界大豆生产发展的主流趋势。在耐除草剂转基因大豆种植体系中，田间杂草具体如何防控，国内外经典的管理模式和经验有以下几个方面。

一、耐除草剂转基因大豆田的敏感杂草管理

耐除草剂转基因大豆种植后，如果田间杂草还没有产生抗药性，对靶标除草剂均比较敏感，通常根据靶标除草剂在转基因大豆田的合理使用技

术，在杂草生长旺盛期直接喷施配套的广谱除草剂如草甘膦、草铵膦等，这样可控制田间除抗性转基因大豆之外的几乎所有杂草。根据后期大豆田间杂草为害情况及杂草与作物的竞争临界期，再考虑是否补喷一次除草剂。在转基因大豆田杂草管理模式中，如果长期、单一、多次喷施目标除草剂，将导致田间靶标抗性杂草出现频率上升，从而影响相应目标除草剂的除草效果和继续应用。

二、耐除草剂转基因大豆田的抗性杂草管理

在常年种植耐除草剂转基因大豆的农田，随着草甘膦、草铵膦或麦草畏等配套除草剂的长期、单一使用，田间杂草不可避免地会产生抗药性。目前全球有近50种杂草对草甘膦产生了抗药性，包括长芒苋（*Amaranthus palmeri*）、具瘤苋（*Amaranthus rudis*）、光头稗（*Echinochloa colona*）、牛筋草（*Eleusine indica*）、小飞蓬（*Conyza canadensis*）和野塘蒿（*Conyza bonariensis*）等。这些抗性杂草出现的频率越来越高，分布的区域越来越广，转基因大豆田抗性杂草的发生形势日趋严峻。为延缓抗性杂草的产生速度，延长相关配套除草剂和耐除草剂转基因大豆品种的使用寿命，在田间抗性杂草的管理上，总体策略是避免靶标除草剂的长期、单一、大量使用，通过采取各种综合措施，提供多样化的选择压，对田间杂草进行全方位的调控，防止除草剂单一位点的累积基因突变，延缓杂草抗性的产生速度。主要的管理措施如下。

1. 除草剂

合理使用多种作用机制的除草剂，降低对单一靶标位点的选择压，延缓杂草抗性发展。如在耐草甘膦大豆田使用草铵膦进行行间定向喷雾，控制已对草甘膦产生抗性的杂草。苗前除草剂和苗后除草剂也应合理组合，在播后苗前使用除草剂进行土壤封闭处理后，苗后再视田间杂草发生情况

是否进行茎叶处理，并且应在杂草幼龄期尽早施药，杂草越小对药剂越敏感，大龄杂草通常耐药性较强而难以控制。施药后可定期进行田间巡查，能够及时发现产生抗性的杂草，对这些杂草可人工拔除，防止抗性杂草种子大量散落田间。

2. 耕作

免耕田块杂草种子大量集中在土壤表层，深层种子数量少，通过深耕将土表抗性杂草种子埋入地下，可以显著减少田间杂草的发生为害。

3. 秸秆覆盖

通过覆盖致密、厚实的作物秸秆，可有效抑制抗性杂草的春季萌发出苗。

4. 作物轮作

可采取大豆/玉米轮作的方式，在前茬玉米田，针对靶标抗性杂草，可使用多种除草剂组合对田间抗性杂草进行有效的控制，减少杂草种子的产生数量，降低土壤杂草种子库的密度和下茬转基因大豆田抗性杂草的为害。

5. 田间和器械清洁

在田间进行农事操作时，应注意清洁耕作机械、播种机械和收获机械，防止抗性杂草种子的输入和传播。

在转基因大豆田杂草的管理策略上，应根据不同生态类型区大豆栽培模式、种植制度、杂草种类等合理使用目标除草剂，制定除草剂轮换和混用规划，研发和推广耐不同作用机制除草剂的大豆品种，配套应用杂草控制的其他农艺措施和生态措施，降低抗性杂草发生频率，保障耐除草剂大豆种植的可持续。

REFERENCE 主要参考文献

毕源, 周忻, 孙娜, 等, 2013. 两种方法评价食品过敏原潜在致敏性的对比分析[J]. 食品科学, 34 (15): 313-317.

蔡年生, 1992. 巴西、阿根廷生物技术考察概述[J]. 中国抗生素杂志, 2: 169-172.

丛艳君, 吕晓哲, 李晔, 等, 2019. 牛乳α_{s1}-酪蛋白与大豆蛋白交叉过敏原的识别鉴定[J]. 食品科学, 40 (18): 70-75.

崔宁波, 张正岩, 2016. 转基因大豆研究及应用进展[J]. 西北农业学报, 25 (8): 1 111-1 124.

邓平建, 周向阳, 2008. 农业转基因生物食用安全性要求与评价[M]. 北京: 人民卫生出版社, 112-119.

谷春梅, 韩玲玲, 曲洪生, 等, 2012. 大豆胰蛋白酶抑制因子的研究进展[J]. 大豆科学, 31 (1): 149-151.

关萍, 于业辉, 王惠, 等, 2012. 小鼠胃内消化对胰蛋白酶抑制剂活性影响的初步研究[J]. 动物医学进展, 33 (12): 149-152.

郭玉蔓, 罗晨, 郅莉莉, 等, 2021. 模拟消化方法在食物过敏原潜在致敏性评价中的应用进展[J]. 食品工业科技, 42 (17): 397-404.

国际农业生物技术应用服务组织, 2017. 2016年全球生物技术/转基因作物商业化发展态势[J]. 中国生物工程杂志, 37 (4): 1-8.

国际农业生物技术应用服务组织, 2018. 2017年全球生物技术/转基因作物商业化发展态势[J]. 中国生物工程杂志, 38 (6): 1-8.

国际农业生物技术应用服务组织, 2019. 2018年全球生物技术/转基因作物商业化发展态势[J]. 中国生物工程杂志, 39 (8): 1-6.

国际农业生物技术应用服务组织, 2021. 2019年全球生物技术/转基因作物商业化发展态势[J]. 中国生物工程杂志, 41 (1): 114-119.

侯智红，吴艳，程群，等，2019.利用CRISPR/Cas9技术创制大豆高油酸突变系[J].作物学报，45（6）：839-847.

黄昆仑，许文涛，2009.转基因食品安全评价与检测技术[M].北京：科学出版社.

阚贵珍，童振峰，胡振宾，等，2015.野生大豆和抗草甘膦转基因大豆杂交后代的适合度分析[J].大豆科学，34（2）：177-184.

李慧静，2013.超高静压协同酶法降低专用大豆分离蛋白致敏性的研究[D].无锡：江南大学.

李香菊，崔海兰，2011.转基因耐草甘膦作物的环境安全性[J].植物保护，37（6）：38-43.

李香菊，沈平，彭于发，等，2013.转基因植物及其产品环境安全检测耐除草剂大豆 第4部分：生物多样性影响[S].中华人民共和国国家标准.农业部2031号公告-4-2013.

李云河，彭于发，李香菊，等，2012.转基因耐除草剂作物的环境风险及管理[J].植物学报，47（3）：197-208.

李云河，吴孔明，2013.转基因作物商业化种植的生态效应[M]//李文华.中国当代生态学研究：可持续发展生态学卷.北京：科学出版社：179-214.

李哲敏，2005.中国大豆生产发展变化及成因分析[J].农业展望（1）：18-22.

刘标，薛堃，刘来盘，等，2020.转EPSPS+PAT基因大豆向非转基因大豆的基因漂移研究[J].生态与农村环境学报，36（3）：367-373.

刘标，薛堃，刘来盘，等，2020.转基因大豆向野生大豆基因漂移研究进展[J].36（73）：833-841.

刘升，罗云波，黄昆仑，2015.营养改良型转基因植物研究进展[J].核农学报，29（2）：337-343.

刘燕，章嫡妮，于赐刚，等，2017.转CP4-EPSPS基因耐草甘膦除草剂大豆中作J9331喂养鹌鹑90d亚慢性毒理学研究[J].农业生物技术学报，25（3）：451-460.

芦春斌，张雁，陈博慧，等，2017.抗草甘膦转基因大豆对雄性生殖损伤小鼠体外受精作用的影响[J].浙江农业学报，29（6）：910-916.

陆宴辉，2020.转基因棉花[M].北京：中国农业科学技术出版社：127-139.

马启彬，卢翔，杨策，等，2020.转基因大豆及其安全性评价研究进展[J].安徽农业科学，48（16）：20-24，51.

孟凡凡，杨春燕，王广金，等，2019.耐草甘膦除草剂转基因大豆与常规大豆的比较[J].大豆科技，4：39-43.

祁潇哲，贺晓云，黄昆仑，2013.中国和巴西转基因生物安全管理比较[J].农业生物技术学报，21（12）：1 498-1 503.

祁潇哲，贺晓云，黄昆仑，等，2019.转基因生物食用安全评价技术体系及其发展趋势[J].中国农业大学学报，24（7）：71-78.

沈平，章秋艳，张丽，等，2016. 我国农业转基因生物安全管理法规回望和政策动态分析[J]. 农业科技管理，35（6）：5-8.

宋小玲，强胜，彭于发，2009. 抗草甘膦转基因大豆（*Glycine max*（L.）Merri）杂草性评价的试验实例[J]. 中国农业科学，42（1）：145-153.

王翠燕，孙璐，周催，等，2015. BALB/c小鼠动物模型评价食物过敏性的可行性研究[J]. 中国食品学报，15（11）：7-15.

王娟，刘淼，王志坤，等，2011. 大豆抗病、虫转基因研究进展[J]. 大豆科学，30（5）：865-868，873.

王连铮，1985. 大豆的起源演化和传播[J]. 大豆科学，4（1）：1-5.

王琴芳，2008. 转基因作物生物安全性评价与监管体系的分析与对策[D]. 北京：中国农业科学院.

王宇，黄春艳，黄元炬，等，2014. 不同杂草群落对黑龙江春大豆产量损失的影响[J]. 中国植保导刊，34（6）：10-12.

文静，郭勇，邱丽娟，2020. 耐草甘膦转EPSPS/GAT大豆多重PCR检测体系的建立及应用[J]. 中国农业科学，53（20）：4 127-4 136.

吴奇，彭德良，彭于发，2008. 抗草甘膦转基因大豆对非靶标节肢动物群落多样性的影响[J]. 生态学报，（6）：2 622-2 628.

吴奇，彭焕，彭可维，等. 2007. 抗除草剂转基因大豆对豆田主要害虫发生动态的影响[J]. 植物保护，33（5）：50-53.

向钱，贾旭东，王伟，等，2014. BN大鼠致敏动物模型研究[J]. 中国食品卫生杂志，20（1）：393-396.

杨志国，2013. 转基因大豆对土壤微生物和线虫群落的影响[D]. 太原：山西农业大学.

于惠林，贾芳，全宗华，等，2020. 施用草甘膦对转基因抗除草剂大豆田杂草防除、大豆安全性及杂草发生的影响[J]. 中国农业科学，53（6）：1 166 1 177.

张力，程呈，何宁，等，2011. 大豆对大鼠的亚慢性毒性研究[J]. 毒理学杂志，25（5）：391-394.

赵波，张鹏飞，2012. 抗除草剂转基因大豆的生态安全评价进展[J]. 山地农业生物学报，31（1）：70-76.

赵金鹏，石丽丽，韩超，等，2020. 耐除草剂转基因大豆ZH10-6和亲本大豆中黄10的营养成分比较[J]. 中国食物与营养，26（4）：56-60.

中华人民共和国农业部，2017. 转基因植物安全评价指南[S]. 北京：中国标准出版社.

仲晓芳，钱雪艳，牛陆，等，2019. 转基因技术对提高大豆油脂和油酸含量的作用[J]. 大豆科技（6）：27-29.

周加加，刘莹，温小杰，等，2017. 阿根廷农业生物技术年报（2016）[J]. 生物技术进展，7（6）：650-658.

朱元招，王凤来，尹靖东，2010. 抗草甘膦大豆及豆粕营养成分和抗营养因子研究[J]. 营养学报，32（2）：178-182.

Clive James，2009. 2008年全球生物技术/转基因作物商业化发展态势：第一个十三年（1996—2008）[J]. 中国生物工程杂志，29（2）：1-10

Clive James，2015. 2014年全球生物技术/转基因作物商业化发展态势[J]. 中国生物工程杂志，35（1）：1-14

Clive James，2016. 2015年全球生物技术/转基因作物商业化发展态势[J]. 中国生物工程杂志，36（4）：1-11

J. A. 托马斯，R. L. 富克斯，2007. 生物技术与安全性评估[M]. 3版. 林忠平，译. 北京：科学出版社.

BATISTA R，NUNES B，CARMO M，et al.，2005. Lack of detectable allergenicity of transgenic maize and soya samples[J]. Journal of Allergy and Clinical Immunology，16（2）：403-410.

BECKER-RITT A，MULINARI F，VASCONCELOS M I，et al.，2004. Antinutritional and/or toxic factors in soybean (*Glycine max* (L.) Merril) seeds: comparison of different cultivars adapted to the southern region of Brazil[J]. Journal of the Science of Food and Agriculture，84（3）：263-270.

BERMAN K H，HARRIGAN G G，RIORDAN S G，et al. 2010. Compositions of forage and seed from second-generation glyphosate-tolerant soybean MON 89788 and insect-protected soybean MON 87701 from Brazil are equivalent to those of conventional soybean (*Glycine max*)[J]. Journal of Agricultural and Food Chemistry，58（10）：6 270-6 276.

BRAKE D G，EVENSON D P，2004. A generational study of glyphosate-tolerant soybeans on mouse fetal, postnatal, pubertal and adult testicular development[J]. Food and Chemical Toxicology，42：29-36.

BURKS A W，FUCHS R L，1995. Assessment of the endogenous allergens in glyphosate-tolerant and commercial soybean varieties[J]. Journal of Allergy and Clinical Immunology，96：1 008-1 010.

CERDEIRA A L，GAZZIERO D L，DUKE S O，et al.，2011. Agricultural impacts of glyphosate-resistant soybean cultivation in South America[J]. Journal of Agricultural and Food Chemistry，59（11）：5 799-5 807

CHANG H S，KIM N H，PARK M J，et al.，2003. The 5-enolpyruvylshikimate-3-phosphate synthase of glyphosate-tolerant soybean expressed in *Escherichia coli* shows no severe allergenicity[J]. Molecules and Cells，15（1）：20-26.

CHENG K C, BEAULIEU J, IQUIRA E, et al., 2008. Effect of transgenes on global gene expression in soybean is within the natural range of variation of conventional cultivars[J]. Journal of Agricultural and Food Chemistry, 56（9）：3 057-3 067.

CLARKE J D, ALEXANDER D C, WARD D P, et al., 2013. Assessment of genetically modified soybean in relation to natural variation in the soybean seed metabolome[J/OL]. Scientific Reports, 3：3082. https：//doi. org/10. 1038/srep03082

DAVID D, ANNABELLE C, WILLIAM H E, et al., 2010. Investigation of endogenous soybean food allergens by using a 2-dimensional gel electrophoresis approach[J]. Regulatory Toxicology and Pharmacology, 58（3）：S47-S53.

EUROPEAN FOOD SAFETY AUTHORITY, 2008. Safety and nutritional assessment of GM plants and derived food and feed: the role of animal feeding trials[J]. Food and Chemical Toxicology, 46（S1）：S2-S70.

FICKETT N D, BOERBOOM C M, STOLTENBERG D E, 2013. Soybean yield loss potential associated with early-season weed competition across 64 site-years[J]. Weed Science, 61（3）：500-507

GARCÍA-VILLALBA R, LEÓN C, DINELLI G, et al., 2008. Comparative metabolomic study of transgenic versus conventional soybean using capillary electrophoresis-time-of-flight mass spectrometry[J]. Journal of Chromatography A, 1195（1）：164-173.

HAMMOND B G, VICINI J L, 1996. The feeding value of soybeans fed to rats, chickens, catfish and dairy cattle is not altered by genetic incorporation of glyphosate tolerance[J]. Journal of Nutrition, 126（3）：717-727.

HARRIGAN G G, ANGELA H C, MATTHEW C, et al., 2013. Investigation of biochemical diversity in a soybean lineage representing 35 years of breeding[J]. Journal of Agricultural and Food Chemistry, 61（45）：10 807-10 815.

HARRIGAN G G, RIDLEY W P, RIORDAN S G, et al., 2007. Chemical composition of glyphosate-tolerant soybean 40-3-2 grown in Europe remains equivalent with that of conventional soybean (*Glycine max* L.) [J]. Journal of Agricultural and Food Chemistry, 55（15）：6 160-6 168.

HARRISON L A, BAILEY M R, NAYLOR M W, et al., 1996. The expressed protein in glyphosate-tolerant soybean, 5-enolypyruvylshikimate-3-phosphate synthase from Agrobacterium sp. strain CP4, is rapidly digested in vitro and is not toxic to acutely gavaged mice[J]. The Journal of nutrition, 126（3）：728-740.

HE X, PAULO A R, AMECHI C, et al., 2016. Rat and poultry feeding studies with soybean meal produced from imidazolinone-tolerant (CV127) soybeans[J]. Food and Chemical Toxicology, 88: 48-56.

HOFF M, SON D Y, GUBESCH M, et al., 2007. Serum testing of genetically modified soybeans with special emphasis on potential allergenicity of the heterologous protein CP4 EPSPS[J]. Molecular Nutrition & Food Research, 51 (8): 946-955.

INABA Y, JEFFREY E B, ALEXANDER U, et al., 2007. Expression of a feedback insensitive anthranilate synthase gene from tobacco increases free tryptophan in soybean plants[J]. Plant Cell Reports, 26 (10): 1 763-1 771.

KUSANO M, IVAN B, ATSUSHI F, et al., 2014. Assessing metabolomic and chemical diversity of a soybean lineage representing 35 years of breeding[J]. Metabolomics, 11 (2): 1-10.

LEHRER S B, REESE G, et al., 1997. Recombinant proteins in newly developed foods: identification of allergenic activity[J]. International Archives of Allergy and Immunology, 113 (1-3): 122-124.

MACHADO F P P, QUEIRÓZA J H, OLIVEIRA M G A, et al., 2008. Effects of heating on protein quality of soybean flour devoid of Kunitz inhibitor and lectin[J]. Food Chemistry, 107 (2): 649-655.

MAGAÑA-GÓMEZ J A, CERVANTES G L, YEPIZ-PLASCENCIA G, et al., 2007. Pancreatic response of rats fed genetically modified soybean[J]. Journal of Applied Toxicology, 28 (2): 217-226.

MALATESTA M, TIBERI C, BALDELLI B, et al., 2005. Reversibility of hepatocyte nuclear modifications in mice fed on genetically modified soybean[J]. European Journal of Histochemistry, 49: 237-242.

MATSUO A, MATSUSHITA K, FUKUZUMI A, et al., 2020. Comparison of various soybean allergen levels in gand non-genetically modified soybeans[J]. Foods, 9 (4): 522.

MCNAUGHTON J, ROBERTS M, SMITH B, et al., 2008. Comparison of broiler performance when fed diets containing event DP-3Ø5423-1, nontransgenic near-isoline control, or commercial reference soybean meal, hulls, and oil[J]. Poultry science, 87 (12): 2 549-2 561.

MCPHERSON M A, YANG R C, GOOD A G, et al., 2009. Potential for seed-mediated gene flow in agroecosystems from transgenic safflower (*Carthamus tinctorius* L.) intended for plant molecular farming[J]. Transgenic Research, 18: 281-299.

NAEGELI H, BIRCH N A, CASACUBERTA J, et al., 2018. Assessment of genetically modified maize MON 87411 for food and feed uses, import and processing, under Regulation (EC) No. 1829/2003 (application EFSA-GMO-NL-2015-124) [J]. EFSA Journal, 16（6）：e05310.

NORDLEE J A, TAYLOR S L, TOWNSEND J A, et al., 1996. Identification of a Brazil-nut allergen in transgenic soybeans[J]. The New England Journal of Medicine, 34（11）：688-692.

ORTEGA M A, ALL J N, BOERMA H R, et al., 2016. Pyramids of QTLs enhance host-plant resistance and Bt-mediated resistance to leaf-chewing insects in soybean. Theoretical and Applied Genetics, 129：703-715.

PAPINENI S, GOLDEN R M, THOMAS J, 2017. The aryloxyalkanoate dioxygenase-12 (AAD-12) protein is not acutely toxic in mice[J]. Food and Chemical Toxicology, 110：200-203.

QI X, HE X, LUO Y, et al., 2012. Subchronic feeding study of stacked trait genetically-modified soybean (35423×40-3-2) in Sprague-Dawley rats[J]. Food & Chemical Toxicology, 50（9）：3 256-3 263.

QIN F, KANG L, GUO L, et al., 2012. Composition of transgenic soybean seeds with higher γ-linolenic acid content is equivalent to that of conventional control[J]. Journal of Agricultural and Food Chemistry, 60：2 200-2 204.

RITTER R L, MENBERE H, 2001. Weed management systems utilizing glufosinate-resistant corn (*Zea mays*) and soybean (*Glycine max*) [J]. Weed Technology, 15（1）：89-94.

SIMÓ C, IBÁÑEZ C, VALDÉS A, et al., 2014. Metabolomics of genetically modified crops[J]. International Journal of Molecular Sciences, 15（10）：18 941-18 966.

THERESA A B, GORDON J G, GERALD R S, 2005. Influence of herbicide-resistant canola on the environmental impact of weed management[J]. Pest Management Science, 61：47-52.

VANGESSEL M, WHALEY C, JOHNSON Q R, et al., 2003. Impact of soybean leaf interference and row spacing on preharvest glyphosate application[J]. Weed Technology, 17（3）：491-495.

WANG X, HE X, ZOU S, et al., 2016. A subchronic feeding study of dicamba-tolerant soybean with the *dmo* gene in Sprague-Dawley rats[J]. Regulatory Toxicology and Pharmacology, 77：134-142.

WELLS M S, REBERG-HORTON S C, MIRSKY S B, et al., 2014. Cultural strategies for managing weeds and soil moisture in cover crop based no-till soybean production[J]. Weed Science, 62（3）: 501-511.

WELLS M S, REBERG-HORTON S C, MIRSKY S B, et al., 2015. Weed suppression and soybean yield in a no-till cover-crop mulched system as influenced by six rye cultivars[J]. Renewable Agriculture and Food Systems, 31（5）: 429-440.

WELLS M S, REBERG-HORTON S C, SMITH A N, et al., 2013. The reduction of plant-available nitrogen by cover crop mulches and subsequent effects on soybean performance and weed interference[J]. Agronomy Journal, 105: 1-7.